Jörn Littkemann et al.

Übungen zum Controlling

Übungsbücher Unternehmensrechnung und Controlling, Band 1

Herausgegeben von Univ.-Prof. Dr. Jörn Littkemann

Jörn Littkemann, Klaus Derfuß, David Eisenberg, Axel Fietz, Michael Holtrup, Klaus Schulte, Christine Stockey

Übungen zum Controlling

Aufgabenstellungen mit Lösungsskizzen zur Klausurvorbereitung

1. Auflage

BoD Books on Demand

Bibliografische Information der Deutschen Nationalbibliothek

Die Deutsche Nationalbibliothek verzeichnet diese Publikation in der Deutschen Nationalbibliografie; detaillierte bibliografische Daten sind im Internet über http://dnb.d-nb.de abrufbar.

Autoren

Jörn Littkemann: Professor für Betriebswirtschaftslehre und Inhaber des Lehrstuhls für Unternehmensrechnung und Controlling an der FernUniversität in Hagen

Klaus Derfuß: wissenschaftlicher Mitarbeiter von Prof. Dr. Littkemann

David Eisenberg: Mitarbeiter im „Corporate Planning and Controlling" bei der *E.ON AG* in Essen

Axel Fietz: wissenschaftlicher Mitarbeiter von Prof. Dr. Littkemann

Michael Holtrup: wissenschaftlicher Mitarbeiter von Prof. Dr. Littkemann

Klaus Schulte: wissenschaftlicher Mitarbeiter von Prof. Dr. Littkemann und geschäftsführender Gesellschafter der *bsls.partner GmbH* in Münster

Christine Stockey: wissenschaftliche Mitarbeiterin von Prof. Dr. Littkemann und Steuerfachangestellte bei der *Burbach Cramer + Partner KG* in Hagen

1. Auflage Dezember 2008

Herstellung und Verlag: Books on Demand GmbH, Norderstedt

ISBN-13: 978-3-8370-7611-0

Vorwort

Das vorgelegte Übungsbuch ist auf Grund der Nachfrage vieler Studentinnen und Studenten, insbesondere der Studierenden der FernUniversität in Hagen, entstanden, die zur Klausur- und Prüfungsvorbereitung im Fach Unternehmensrechnung und Controlling nach konkreten Aufgabenstellungen und Übungsfällen zur Anwendung des gelernten Stoffes suchten. Um diese Suche künftig zu erleichtern, sind für dieses Werk unterschiedliche Übungsaufgaben gesammelt und aufbereitet worden, die typisch für Klausur- und Prüfungsaufgaben sind, wie die Autoren sie an der FernUniversität in Hagen stellen.

Darüber hinaus engagiert sich der Lehrstuhl im Rahmen der Weiterbildung, konkret in den Studienprogrammen der Allfinanz Akademie, des Instituts für Wirtschaftswissenschaftliche Forschung und Weiterbildung an der FernUniversität in Hagen (IWW) sowie an Verwaltungs- und Wirtschafts-Akademien (VWA). Auch an die Teilnehmer dieser Studienprogramme sei dieses Buch adressiert.

Die Aufgabenstellungen basieren auf den folgenden, von uns fertiggestellten Werken:

⇨ Littkemann, Jörn (Hrsg.): Unternehmenscontrolling – Konzepte, Instrumente, praktische Anwendung mit durchgängiger Fallstudie, Verlag NWB, Herne/Berlin 2006

⇨ Littkemann, Jörn (Hrsg.): Innovationscontrolling, Verlag Franz Vahlen, München 2005

⇨ Littkemann, Jörn (Hrsg.): Beteiligungscontrolling 1 – Grundlagen sowie bilanzielle, steuerliche und sonstige Aspekte des Beteiligungscontrollings, 2. Aufl., Verlag NWB, Herne/Berlin 2008

⇨ Littkemann, Jörn (Hrsg.): Beteiligungscontrolling 2 – Strategische und operative Unternehmensführung im Beteiligungscontrolling, 2. Aufl., Verlag NWB, Herne/Berlin 2008

Die Studentin bzw. der Student, die bzw. der sich mit einem dieser Werke befasst hat, kann in diesem Übungsbuch ggf. eine gute Ergänzung zur konkreten Anwendung der in den oben genannten Büchern befindlichen Inhalte finden. Die präsentierten Aufgaben sind dabei nach den unterschiedlichen Teildisziplinen des Controllings gegliedert. Hiernach lässt sich auch eine Zuordnung der Aufgaben zu den Adressaten des Buchs vornehmen, die der nachstehenden Tabelle zu entnehmen ist.

Adressatenkreis	**Relevante Kapitel des Übungsbuchs**
Studierende der FernUniversität in Hagen:	
B-Modul „*Instrumente des Controlling*" (Accounting in SBU)	Beschaffungs-, Produktions-, Logistik- und Marketingcontrolling
B-Modul „*Innovationscontrolling*" (Accounting for Innovation)	Investitions-, Schnittstellen- und Innovationscontrolling
C-Modul „*Konzerncontrolling*" (Controlling Multinational Corporations)	Konzerncontrolling
Studierende der Weiterbildungsprogramme	Konzeption des Controllings, Investitions- und Konzerncontrolling

Den Aufgaben ist jeweils eine Anzahl zu erzielender Punkte – in der Regel 60 Punkte – zugeordnet. Der Umfang der Aufgaben ist dabei so bemessen, dass ein Punkt einer Bearbeitungszeit von einer Minute entspricht. Zur Bearbeitung der Aufgaben werden auf der weiter unten angegebenen Internetseite ausführliche Arbeitshilfen zum Download bereitgestellt.

Ebenfalls werden in diesem Werk Lösungsskizzen zu den einzelnen Aufgabenstellungen angeboten. Diese sollten jedoch nur dazu benutzt werden, die eigenen Lösungen der Aufgaben zu verifizieren. Das einfache Nachvollziehen der Lösungen ohne eine Bearbeitung der Aufgabenstellungen verführt leider sehr leicht dazu, dass die Aufgabenstellung und deren Lösung als „einfach" betrachtet werden. Es besteht dann die Gefahr, dass die Studentin/der Student bei unbekannten Aufgabenstellungen in einer Klausursituation nicht gelernt hat, eigenständig mit neuen oder geänderten Fragestellungen umzugehen. Es sei daher explizit darauf hingewiesen, dass ein reines „auswendig Lernen" oder „nur Nachvollziehen" der vorgegebenen Lösungshinweise statt der notwendigen „Erarbeitung der Lösungen" dazu beitragen kann, die eigentliche Leistung, das Verständnis des Stoffes, zu untergraben.

Aus diesem Grunde sind die Lösungshinweise in der Regel auch nur skizzenartig angegeben, so dass die Studentin/der Student zumindest gezwungen wird, sich zum vollständigen Verständnis der Themengebiete mit dem Stoff der oben genannten Bücher intensiv auseinander zu setzen.

Da wir dieses Buch möglichst günstig anbieten möchten, haben wir uns entschieden, das Buch über den Verlag „Books on Demand" zu veröffentlichen. Daraus resultiert, dass kein professioneller Lektoratsdienst des Skriptes stattfindet. Für Hinweise auf mögliche inhaltliche, formale oder orthografische Fehler sind wir daher sehr dankbar. Hinweise auf diese sowie Anregungen und Kritik können Sie an folgende Adresse senden:

FernUniversität in Hagen,
Lehrstuhl für Betriebswirtschaftslehre, insbes.
Unternehmensrechnung und Controlling
Stichwort „Übungsbuch zum Controlling"
58084 Hagen/Westf.

Ebenfalls sind wir über die Mail-Adresse

uebungsbuch@controlling-aktuell.de

zu erreichen.

Mögliche Errata sowie weiterführende Hinweise werden wir unter der Internetadresse

http://www.controlling-aktuell.de/uebungsbuch-controlling

veröffentlichen.

Es bleibt der obligatorische Dank an alle Helfer, die zur Entstehung dieses Buches beigetragen haben. Hervorheben möchten wir in diesem Zusammenhang Frau Julia Bornheim und Frau Sabine Fasching, die einen Großteil der Formatierungs- und Layoutarbeiten an diesem Werk durchgeführt haben.

Hagen, im Oktober 2008

Jörn Littkemann
und die Autoren

Inhaltsverzeichnis

Teil I: Aufgabenstellungen

Konzeption des Controllings

Aufgabe 1: Behavioral Accounting/Organigramme[1]

Kontingenzansatz des Behavioral Accounting:

Aufgabenteil a) (10 Punkte)
Skizzieren Sie zunächst das Grundmodell des Kontingenzansatzes des Behavioral Accounting.

Aufgabenteil b) (20 Punkte)
Beschreiben Sie, wie Kontextfaktoren auf die Gestaltung von Controllingsystemen und auf den Gestaltungserfolg wirken können. Veranschaulichen Sie Ihre Ausführungen, indem Sie für unterschiedliche Kontextfaktoren (je zwei externe und zwei interne Kontextfaktoren) kurze Beispiele geben.

Organigramme:

Zur Abrundung ihres Beteiligungsportfolios hält die Morgengenuss GmbH eine fünfprozentige Beteiligung an der Wella AG, die zu den führenden internationalen Kosmetikanbietern gehört. Das Kosmetikunternehmen erzielt rund drei Viertel seines Umsatzes außerhalb Deutschlands. Mit einem Netzwerk von eigenen Vertriebsgesellschaften in fast 50 Ländern und eigenen Fortbildungseinrichtungen für Friseure zeigt Wella eine für die Branche außergewöhnliche Präsenz vor Ort. Wella vertreibt, produziert und forscht länderübergreifend, rund um den Globus. Globale Marken, Mitarbeitermobilität und internationaler Auftritt sind die Basis einer globalen Firmenphilosophie, die sich direkt dem Kompetenzfeld Kosmetik verschreibt.

Aufgabenteil c) (19,5 Punkte)
Vor dem Hintergrund der erfreulichen Entwicklung der Wella AG prüft die Geschäftsleitung der Morgengenuss GmbH derzeit, ob sie ihre Beteiligungsquote erhöhen sollte. Konrad Troller hat bereits die wichtigsten Unternehmens- und Marktdaten zusammengestellt, die für die Investitionsentscheidung notwendig sind. Allerdings hat die Wella AG in den Jahren t_0 und t_1 ihre Organisationsstruktur erheblich umgebaut. Ohne eine Beurteilung der neuen Organisationsstruktur möchte die Geschäftsleitung der Morgengenuss GmbH allerdings keine Entscheidung fällen. Sie bittet daher Troller, die neue Organisationsstruktur zu erstellen und ihr in kürzester Zeit vorzulegen.

Entwickeln Sie auf Basis sämtlicher in den Pressemitteilungen enthaltenen Informationen ein aktuelles, auszugsweises und übersichtliches Organigramm der Wella AG. Verwenden Sie hierzu für jede einzelne Stelle die Angaben zur Person, Stellenbezeichnung sowie Verantwortungsbereich (siehe Beispiel).

---

[1] Vgl. Littkemann, J.: Konzeption des Controlling, in: Littkemann, J. (Hrsg.), Unternehmenscontrolling, Verlag NWB, Herne/Berlin 2006, S. 100 ff. und S. 63.

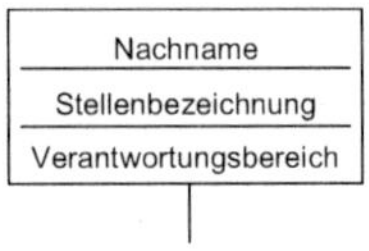

Pressemitteilungen (leicht gekürzt und abgeändert):

17. Juli t_0

Neuorganisation der Vorstandsbereiche der Wella AG

Darmstadt, den 17.7.t_0: Um die Wella Gruppe erfolgreich weiter zu entwickeln, das interne und externe Wachstum in Umsatz und Ergebnis zu beschleunigen sowie die Globalisierung noch stärker voranzutreiben, wird der Wella Konzern mit Wirkung zum 1. September t_0 seine Unternehmensstruktur verändern.

Die Vorstandsbereiche der Wella AG werden wie folgt reorganisiert: Für die weltweite Sparte Friseur (Professional) zeichnet Fritz Kuhn (60), bisher Vorstand Europa, verantwortlich. Axel Dietz (40), bisher Marketing Vorstand Wella, leitet die Sparte Retail (Endverbraucher). Der besonderen Bedeutung, die der Konzern dem Ausbau des E-Commerce und zukünftigen Akquisitionen, Kooperationen und Joint Ventures beimisst, wird mit dem Vorstandsbereich New Business unter Alfred Krämer (54) Rechnung getragen. Alfred Krämer leitete bisher den Bereich Amerika, Asien und Pazifik. Weitgehend unverändert bleibt der Vorstandsbereich von Hans Schmidt (63), Finanzen, Personal und Supply Chain. Lediglich werden die bisher dort betreuten Aktivitäten im Friseur- und Retailbereich den jeweiligen Sparten bzw. dem Vorstandsbereich New Business zugeordnet. Die Sparte Duft und Kosmetik wird weiterhin von Dr. Heinz Hösler (59) verantwortet. Dr. Heiner Gürtler (58) verantwortet weiterhin den Vorsitz des Vorstandes der Wella AG.

Die Wella Unternehmensgruppe umfasst drei Hauptgeschäftsfelder: Friseur, Retail (Endverbrauchergeschäft) sowie Duft und Kosmetik. Das Duft und Kosmetik Geschäft ist bereits heute als weltweite Sparte organisiert, das Wella Haarkosmetik Geschäft wird bisher weltweit für Friseur und Retail gemeinsam nach Regionen geführt. Friseur und Retail befassen sich beide mit Haarkosmetikprodukten, im Schwerpunkt unter der Marke Wella.

„Wir brauchen eine Organisation, die es uns erlaubt, weltweit ausgerichtet mit strategischer und operativer Verantwortung in einer Hand auf die Entwicklung unserer völlig unterschiedlichen Geschäftsbereiche Friseur und Retail zu konzentrieren“, so Dr. Heiner Gürtler, Vorstandsvorsitzender der Wella AG. „Durch diese Divisionalisierung auch bei Friseur und Retail erreichen wir eine eindeutige Zuordnung der Führungsverantwortung und haben es wesentlich leichter, die beiden Geschäfte ihren strategischen Erfordernissen entsprechend weiter zu entwickeln und Strategien marktnah umzusetzen.“ Dabei wird innerhalb der Organisation sichergestellt bleiben, dass die Marke Wella nicht unterschiedliche Entwicklungen bei Friseur und Retail nimmt.

Mit der Schaffung des Vorstandressorts New Business verfolgt der Konzern die klare Strategie, nicht nur durch die Konzernausrichtung nach Sparten, sondern auch durch Zukäufe und verstärkten Einsatz von E-Commerce-Aktivitäten sein Wachstum zu beschleunigen.

17. August t_0
Neuer Leiter Geschäftsbereich Friseur der Wella AG

Norbert Sand (49), bisher Vertriebsleiter des Geschäftsbereiches Friseur der Wella AG, Darmstadt, ist ab 1.September t_0 verantwortlich für das gesamte deutsche Friseurgeschäft. Der bisherige Leiter des Geschäftsbereiches Friseur Deutschland der Wella AG, Darmstadt, Michael Uebbing (44), übernimmt zum gleichen Zeitpunkt das europäische Regionalmanagement Friseur und verantwortet so, neben Deutschland, das Friseurgeschäft von mehr als 25 Wella Gesellschaften. Uebbing berichtet direkt an Fritz Kuhn (60), der im Zuge der Neuordnung des Vorstandes der Wella AG – siehe Pressemitteilung von 17. Juli t_0 – zum 1. September t_0 weltweit der Wella Friseursparte vorsteht. Ebenfalls in direkter Berichtslinie zu Fritz Kuhn sind Karl-Heinz Hüther (56), Regionalmanagement Friseur Asien/Amerika und somit verantwortlich für das Friseurgeschäft in rund 25 Ländern und Karl-Heinz Pitsch (45), der weltweit für das Friseur-Marketing verantwortlich zeichnet.

04. April t_1
Wella Neuzugänge in der Sparte Retail

Darmstadt, 4. April t_1: Im Zuge der Neuorganisation der Wella AG zum 1. September t_0 nach Sparten wurden neben den Sparten Friseur sowie Kosmetik und Duft ebenso die Sparte Retail neu eingerichtet. Unter der Verantwortung von Axel Dietz, Vorstand Retail weltweit, wurden darin verschiedene Positionen im Management neu geschaffen: Javier Gonzalez (36) ist seit dem 1. April bei der Wella AG in einer neu geschaffenen Position als Regionalmanager Lateinamerika/Asien/Pazifik für die Umsetzung der Retail Strategien in diesen Regionen zuständig. In dieser Funktion berichtet Gonzalez direkt an den Vorstand Retail, Axel Dietz. Der gebürtige Spanier Gonzalez wechselte nach erfolgreichen Topmanagementaufgaben im In- und Ausland von Coty, Tochtergesellschaft des Unternehmens Benckiser, zum Darmstädter Wella Konzern. Er zeichnete dort zuletzt als General Manager für die Länder Deutschland, Österreich und die Schweiz verantwortlich. Thomas Radke (40) verstärkt seit dem 1.April die Sparte Retail der Wella AG. Radke ist in seiner Position als Marketingleiter für Retail International zuständig und berichtet in dieser Funktion ebenso direkt an Axel Dietz. Der Diplom-Kaufmann Radke wechselte von der Masterfoods GmbH, Verden (ehemals Effem GmbH), zum Darmstädter Wella Konzern. Andreas Welsch (38) ist bereits seit dem 15. Februar in seiner neuen Funktion als Leiter Marketing Lateinamerika/Asien tätig und berichtet in dieser Position an den Regionalmanager Lateinamerika/Asien/Pazifik. Der studierte Betriebswirtschaftler Welsch war mehrere Jahre bei der Benckiser Gruppe als Marketing Direktor für das deutsche Geschäft mit den Marken Calgon und Calgonit zuständig.

Aufgabenteil d) (10,5 Punkte)
Welche Angaben über ein Unternehmen kommen üblicherweise in Organigrammen zum Ausdruck?

Aufgabe 2: Planungs- und Kontrolltätigkeiten/Interdependenzen[2]

Planungs- und Kontrolltätigkeiten zählen zu den zentralen Verrichtungen des Controllings. Sie dienen vorrangig der zielorientierten *Steuerung* der betreffenden Controllingobjekte.

Aufgabenteil a) (15 Punkte)
Nennen Sie stichpunktartig Aufgaben, die das Controlling im Rahmen der Planungs- und Kontrolltätigkeiten übernimmt. Nehmen Sie dabei eine Untergliederung in strategische und operative Aufgaben vor!

Aufgabenteil b) (5 Punkte)
Skizzieren Sie in aller Kürze, was sich im Zusammenhang mit der Aufstellung von Plänen hinter den Begriffen „top-down", „bottom-up" und „Gegenstromverfahren" verbirgt.

Aufgabenteil c) (15 Punkte)
Planungsaktivitäten – beispielsweise die jährlichen Ergebnisplanung – werden in aller Regel durch die Unternehmensleitung und die einzelnen Funktionsbereiche durchgeführt. Das Controlling fungiert dabei als Schnittstelle zwischen der Unternehmensleitung und den Funktionsbereichen.

Nachfolgend ist ein idealtypischer Planungsprozess mit den Beteiligten „Unternehmensleitung", „Controller" und „Funktionsbereiche" abgebildet. Nehmen Sie grafisch eine Zuordnung der einzelnen Planungsaktivitäten zu den Prozessbeteiligten im Sinne des Gegenstromverfahrens vor *(mit einem Kreis oder einem Kreuz)* und zeichnen Sie anschließend einen typischen Weg durch diesen Planungsprozess, indem Sie die Kreise oder Kreuze sinnvoll verbinden.

---

[2] Vgl. Littkemann, J.: Konzeption des Controlling, in: Littkemann, J. (Hrsg.), Unternehmenscontrolling, Verlag NWB, Herne/Berlin 2006, S. 33 ff. und S. 59 ff.

		Unternehmungs-leitung	Controller	Funktions-bereiche
Phase 1:	Initiative Technische Vorraussetzungen			
Phase 2:	Bestimmung von Erwar-tungswerten (Prognosen) Herstellung eines ein-heitlichen Informations-standes			
Phase 3:	Bewertung der Erwar-tungswerte			
Phase 4:	Maßnahmen-planung Einbindung der opera-tiven Bereiche			
Phase 5:	Entschluss (Vorgabe)			
Phase 6:	Laufender Soll-Ist-Vergleich			
Phase 7:	Endkontrolle			

Aufgabenteil d) (10 Punkte)
Beschreiben Sie in Stichpunkten, was unter gepoolten, sequenziellen und reziproken Interdependenzen zu verstehen ist!

Aufgabenteil e) (15 Punkte)
Skizzieren Sie im Rahmen eines Beispiels jeweils ein Instrument, mit dessen Hilfe den genannten Interdependenzen begegnet werden kann.

Beschaffungscontrolling

Aufgabe 3: Profilanalyse in der Beschaffungsmarktforschung[3]

Aufgabenteil a) (6 Punkte)
In welche Elemente kann die Beschaffungsmarktforschung untergliedert werden? Was kennzeichnet die einzelnen Elemente?

Aufgabenteil b) (10 Punkte)
Nennen Sie neben der Informationsquelle „Lieferanten" fünf weitere, ihrer Art nach unterschiedliche Informationsquellen, die im Rahmen der Beschaffungsmarktforschung genutzt werden können. Geben Sie zu jeder dieser Informationsquellen mindestens zwei konkrete Beispiele, wie bzw. in welcher Form die Information vorliegen kann. In welcher Form können die beim Lieferanten zu erhaltenden Informationen vorliegen? Nennen Sie hierzu mindestens fünf Beispiele.

Aufgabenteil c) (8 Punkte)
Aus welchen Bereichen können Kriterien zur Profilbildung und Bewertung im Rahmen einer Profilanalyse kommen? Nennen Sie zu jedem Bereich mindestens drei konkrete Beispielkriterien, die in einer Profilanalyse herangezogen werden können.

Aufgabenteil d) (36 Punkte)
Folgende Kriterien für eine Profilanalyse wurden bereits erhoben und beurteilt.

Monet AG:

Unternehmensgröße: sehr groß
Finanzielle Solidität: sehr gut
Max. Liefermenge pro Woche: 9.400 Stück
Produktqualität: befriedigend
Preis (bei Lieferung bis Werk): 152,50 €
Nominelle Lieferzeit: 9 Tage
Lieferzuverlässigkeit: ausreichend
Kulanzverhalten: gut
Dauer der Geschäftsbeziehung: 10,5 Jahre
Persönlicher Kontakt: befriedigend

Kandinsky GmbH:

Unternehmensgröße: mittel
Finanzielle Solidität: gut
Max. Liefermenge pro Woche: 12.300 Stück
Produktqualität: sehr gut
Preis (bei Lieferung bis Werk): 135,00 €
Nominelle Lieferzeit: 6 Tage
Lieferzuverlässigkeit: befriedigend
Kulanzverhalten: befriedigend
Dauer der Geschäftsbeziehung: 2,2 Jahre
Persönlicher Kontakt: sehr gut

Picasso Großhandel:

Unternehmensgröße: groß
Finanzielle Solidität: ausreichend
Max. Liefermenge pro Woche: 7.150 Stück
Produktqualität: gut
Preis (bei Lieferung bis Werk): 117,50 €
Nominelle Lieferzeit: 5 Tage
Lieferzuverlässigkeit: gut
Kulanzverhalten: befriedigend
Dauer der Geschäftsbeziehung: 15 Monate
Persönlicher Kontakt: gut

Klee KG:

Unternehmensgröße: sehr klein
Finanzielle Solidität: befriedigend
Max. Liefermenge pro Woche: 10.250 Stück
Produktqualität: ausreichend
Preis (bei Lieferung bis Werk): 100,00 €
Nominelle Lieferzeit: 14 Tage
Lieferzuverlässigkeit: sehr gut
Kulanzverhalten: sehr gut
Dauer der Geschäftsbeziehung: 3 Jahre
Persönlicher Kontakt: mangelhaft

---

3 Vgl. Holtrup, M./Littkemann, J.: Beschaffungscontrolling, in: Littkemann, J. (Hrsg.), Unternehmenscontrolling, Verlag NWB, Herne/Berlin 2006, S. 164 ff.

Die Kriterienerfüllung soll auf einer 5er-Skala (1 bis 5 Punkte) gemessen werden. Je besser ein Kriterium erfüllt wird, umso mehr Punkte werden dafür vergeben.

Die Kriterien „Finanzielle Solidität", „Produktqualität", „Lieferzuverlässigkeit", „Kulanzverhalten" und „Persönlicher Kontakt" werden dabei mit den Schulnoten „sehr gut", „gut", „befriedigend", „ausreichend" und „mangelhaft" bewertet.

Die Beurteilung des Kriteriums „Unternehmensgröße" erfolgt mit den Werten „sehr klein", „klein", „mittelgroß", „groß" und „sehr groß", wobei davon ausgegangen wird, dass das Kriterium umso besser erfüllt ist, je größer das Unternehmen ist.

Für die Produktion werden mindestens 8.000 Stk. der gelieferten Ware pro Woche benötigt. Kann ein Lieferant nur weniger liefern, wird das Kriterium „Lieferkapazität" als „sehr schlecht" erfüllt angesehen. In der Regel werden pro Woche 9.000 Stk. verarbeitet, so dass eine maximale Lieferkapazität, die unter dieser Menge liegt, immer noch als „schlecht" gelten muss. Aufgrund von Produktionsschwankungen werden regelmäßig aber bis zu 10.000 Stück pro Woche benötigt. Eine Lieferkapazität, die unter diesem Wert liegt, ist daher maximal als „mittelmäßig" zu bewerten. Erst eine Lieferkapazität ab diesem Wert wird als „gut" angesehen. Die bisher maximal benötigte Menge pro Woche betrug 11.000 Stk. Lieferanten, die mindestens diese Menge liefern können, sind daher „sehr gut" geeignet.

Eine Lieferzeit von einem Tag (und weniger) kann als „sehr gut" angesehen werden. Dauert die Lieferung zwei bis fünf Tage, ist das nach wie vor „gut". Eine Lieferzeit bis einschließlich 9 Tagen ist „befriedigend", dauert die Lieferung bis zu einschließlich 12 Tagen, ist das für die Produktionsplanung „ausreichend". Lieferungen, die 13 Tage oder länger dauern, sind als „mangelhaft" zu klassifizieren.

Für die Dauer der Geschäftsbeziehung soll für jedes vollendete Jahr ein Punkt vergeben werden. Geschäftsbeziehungen über 5 Jahre werden ebenfalls mit 5 Punkten bewertet.

Für einen Preis von 100 € pro Stück sollen 5 Punkte vergeben werden, für einen Preis ab einschließlich 170 € nur ein Punkt. Alle dazwischen liegenden Preise sollen mittels einer linearen Transformation umgerechnet werden. Das Ergebnis der linearen Transformation soll ggf. auf ganze Punkte gerundet werden.

Die Mindestanforderungen pro Kriterium sind wie folgt:

Kriterium Nr. 1:	Unternehmensgröße:	klein
Kriterium Nr. 2:	Finanzielle Solidität:	befriedigend
Kriterium Nr. 3:	Max. Liefermenge pro Woche:	9.000 Stück
Kriterium Nr. 4:	Produktqualität:	befriedigend
Kriterium Nr. 5:	Preis (bei Lieferung bis Werk):	170 €
Kriterium Nr. 6:	Nominelle Lieferzeit:	12 Tage
Kriterium Nr. 7:	Lieferzuverlässigkeit:	ausreichend
Kriterium Nr. 8:	Kulanzverhalten:	ausreichend
Kriterium Nr. 9:	Dauer der Geschäftsbeziehung:	2 Jahre
Kriterium Nr. 10:	Persönlicher Kontakt:	ausreichend

Führen Sie mittels des unten vorgegebenen Tabellenvordrucks eine Profilanalyse aus. Stellen Sie die Profilanalyse ebenfalls graphisch dar. Nutzen Sie hierzu das abgedruckte Koordinatensystem. Nutzen Sie für die Darstellung der unterschiedlichen Profilkurven unterschiedliche Farben, Linienarten oder Markierungssymbole! Bei der Ermittlung der Punkte für den Preis ist die Umrechnungsfunktion aufzustellen und die Herleitung der Transformationsfunktion sowie die Ermittlung der einzelnen Punktwerte für jedes Unternehmen als Teil der Lösung anzugeben.

Welche Unternehmen erfüllen die Mindestanforderungen nicht? Welches Unternehmen sollte anhand der Profilanalyse ausgewählt werden? Wie kann im Weiteren vorgegangen werden?

Kriterium	*Mindest-anforderung*	*Monet AG*	*Picasso Großhandel*	*Kandinsky GmbH*	*Klee KG*
Unternehmensgröße					
Finanzielle Solidität					
Max. Liefermenge pro Woche					
Produktqualität					
Preis (bei Lieferung bis Werk)					
Nominelle Lieferzeit					
Lieferzuverlässigkeit					
Kulanzverhalten					
Dauer der Geschäftsbeziehung					
Persönlicher Kontakt					

mit 1 = Kriterium sehr schlecht erfüllt
bis 5 = Kriterium sehr gut erfüllt

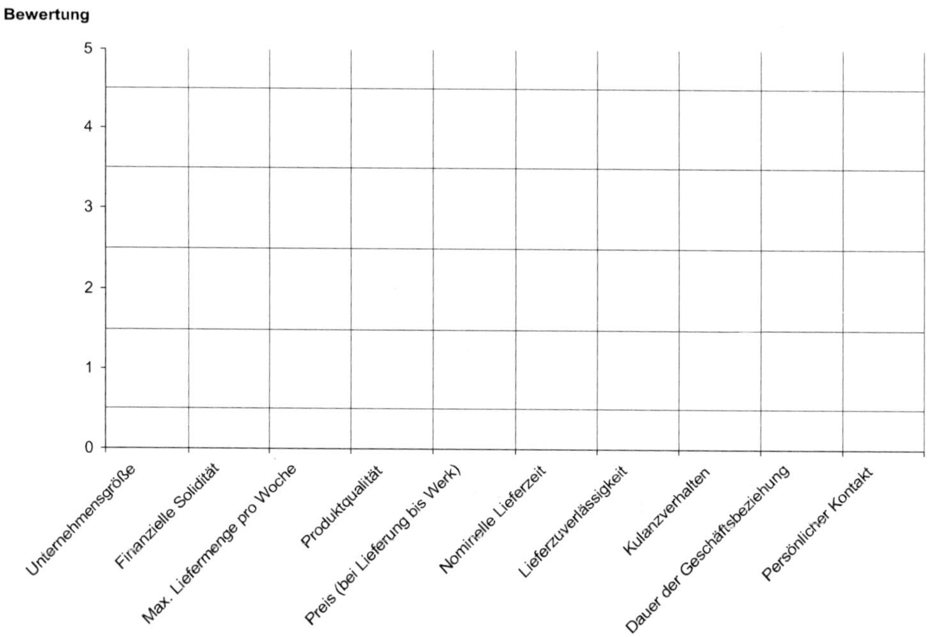

Aufgabe 4: ABC- und XYZ-Analyse[4]

Die Tick-Tock Taschenuhr AG ist Hersteller verschiedener Uhrenmodelle. Das Produktionsprogramm umfasst die folgenden Modelle:

- Digitaluhr „Bill" (Planproduktion 40.000 Stk.)
- Digitaluhr „Steve" (Planproduktion 25.000 Stk.)
- Digitaluhr „Paul" (Planproduktion 18.000 Stk.)
- Wecker „Morgenrot" (Planproduktion 15.000 Stk.)
- Wecker „Aufstehen" (Planproduktion 19.000 Stk.)
- Analoguhr „Rockefeller" (Planproduktion 5.000 Stk.)
- Analoguhr „Fugger" (Planproduktion 55.000 Stk.)
- Analoguhr „Quandt" (Planproduktion 60.000 Stk.)
- Analoguhr „Rothschild" (Planproduktion 22.000 Stk.)
- Analoguhr „Krupp" (Planproduktion 22.000 Stk.)

Zur Realisierung dieses Programms kauft die Tick-Tock Taschenuhr AG die nachfolgend aufgeführten Rohstoffe bzw. Komponenten hinzu. Alle Preise sind Netto-Planpreise.

- Metallblech, veredelt (10,00 € je Kilogramm)
- Kunststoffgranulat, hochwertig (2,50 € je Kilogramm)
- Leder (5,00 € je Kilogramm)
- Uhrwerk, analog, multifunktional einsetzbar (3,50 € pro Stk.)
- Weckwerk, inkl. akustischem Signalgeber (2,50 € pro Stk.)
- Zifferblatt „edel", inkl. Zeigern (5,00 € pro Stk.)
- Zifferblatt „einfach", inkl. Zeigern (2,50 € pro Stk.)
- Zifferblatt „Groß", inkl. Zeigern (4,50 € pro Stk.)
- Elektronikbausatz für Digitaluhren, inkl. Display, multifunktional (1,00 € pro Stk.)
- Batterien, Einheitsgröße, Standard (0,50 € pro Stk.)

Aufgabenteil a) (9 Punkte)
Erläutern Sie kurz die allgemeine Vorgehensweise bei einer ABC-Analyse. Orientieren Sie sich hierbei an den sechs typischen Schritten, mit denen sich der Ablauf einer ABC-Analyse darstellen lässt.

Aufgabenteil b) (10 Punkte)
Ermitteln Sie mittels der abgebildeten Teileliste den jeweiligen Plan-Bedarf der in der Produktion benötigten Komponenten. Ermitteln Sie ebenfalls die daraus resultierenden geplanten Beschaffungskosten je Materialkomponente. Tragen Sie die ermittelten Werte in die

---

[4] Vgl. Holtrup, M./Littkemann, J.: Beschaffungscontrolling, in: Littkemann, J. (Hrsg.), Unternehmenscontrolling, Verlag NWB, Herne/Berlin 2006, S. 144 ff.

abgebildete Teileliste ein.

Produkt	Produktionsmenge (Plan)	Metallbleche [kg]	Kunststoffgranulat [kg]	Leder [kg]	Uhrwerk, analog	Weckwerk mit Signalgeber	Zifferblatt edel	Zifferblatt einfach	Zifferblatt groß	Elektronikbausatz digital	Batterien
Digitaluhr "Bill"	40.000	0,040	0,000	0,000	0	0	0	0	0	1	1
Digitaluhr "Steve"	25.000	0,000	0,020	0,012	0	0	0	0	0	1	1
Digitaluhr "Paul"	18.000	0,000	0,040	0,000	0	1	0	0	0	1	1
Wecker "Morgenrot"	15.000	0,120	0,250	0,000	1	1	0	0	1	0	4
Wecker "Aufstehen"	19.000	0,150	0,230	0,000	1	1	0	0	1	0	4
Analoguhr "Rockefeller"	5.000	0,030	0,000	0,020	1	0	1	0	0	0	2
Analoguhr "Fugger"	55.000	0,020	0,020	0,025	1	0	1	0	0	0	3
Analoguhr "Quandt"	60.000	0,040	0,030	0,020	1	0	0	1	0	0	2
Analoguhr "Rothschild"	22.000	0,020	0,000	0,030	1	0	1	0	0	0	2
Analoguhr "Krupp"	22.000	0,030	0,000	0,010	1	0	0	1	0	0	2

Gesamtbedarf											
durchschnittlicher Preis [€]											
Gesamtkosten je Materialkomponente [€]											

Aufgabenteil c) (10 Punkte)

Führen Sie mit Hilfe der im oben errechneten Werte und der nachfolgend abgebildeten Tabelle eine Plan-ABC-Analyse für die Tick-Tock Taschenuhr AG durch. Runden Sie bei Ihren Berechnungen jeweils auf eine Nachkommastelle genau. Kategorisieren Sie die jeweilige Beschaffungsposition als A-, B- oder C-Gut. Gehen Sie bei der Kategorisierung von Wertgrenzen bei 60 und 80 % des kumulierten Kostenanteils aus. Füllen Sie die gegebene Tabelle vollständig aus!

Rang	Beschaffungs-position	Beschaffungs-kosten [€]	kum. Beschaffungs-kosten [€]	kum. Kosten-anteil	kum Posten-anteil	Kategorie

Aufgabenteil d) (9 Punkte)

Zeichnen Sie die für eine ABC-Analyse typische Lorenzkurve in den abgebildeten Vordruck. Stellen Sie hierfür den kumulierten Kostenanteil dem kumulierten Postenanteil gegenüber. Zeichnen Sie ebenfalls die zugehörigen Wertgrenzen ein und markieren Sie die Bereiche für A-, B- und C-Güter.

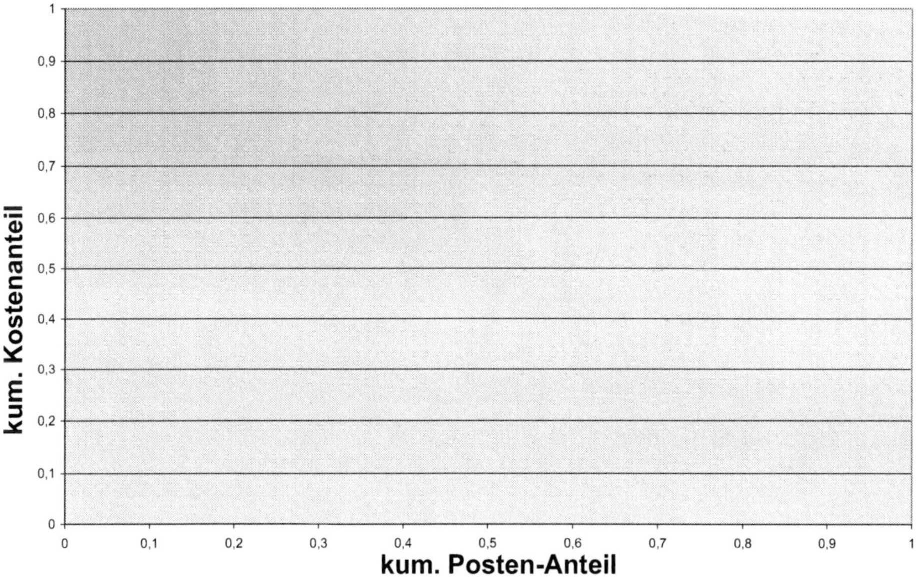

Aufgabenteil e) (5 Punkte)

Nennen Sie jeweils drei Merkmale für ein X-, ein Y- und ein Z-Gut.

Aufgabenteil f) (12 Punkte)

Der geplante und tatsächliche Verbrauch des aus Aufgabenteil b) bekannten analogen Uhrwerks stellte sich in den vergangenen Perioden folgendermaßen dar:

Uhrwerk analog	*Periode (i)*	*1*	*2*	*3*	*4*	*5*	*6*
	prognostizierter Verbrauch Vi	155.000	158.000	165.000	170.000	175.000	198.000
	tatsächlicher Verbrauch Ti	131.415	146.609	170.312	182.125	175.031	207.844
	Schwankungskoeffizient SQ_i						

Ermitteln Sie mittels der unten angegebenen Formel den Schwankungskoeffizenten (SQ) nach Hartmann für die Perioden 1 bis 6. Tragen Sie Ihre Ergebnisse in die obige Tabelle ein. Legen Sie Ihren Berechnungen einen Sicherheitsfaktor von 3 zugrunde. Gehen Sie ebenfalls davon aus, dass die jeweils betrachtete Periode nicht weiter in Intervalle unterteilt ist und dass der Schwankungsquotient der Periode 0 ebenfalls mit 0 angenommen wird. Runden Sie das Ergebnis auf die dritte Nachkommastelle.

Schwankungskoeffizient (SQ) nach Hartmann:

$$SQ_i = \frac{n * SQ_{i-1} + SF * \left|1 - \frac{T_i}{V_i}\right|}{n+1}$$

mit

SQ_{i-1} = bis zur i-ten Periode fortgeschriebener SQ-Wert
n = Intervalle innerhalb einer Periode (in der Regel 1)
SF = Sicherheitsfaktor
T = tatsächlicher Verbrauch
V = vorhergesagter Verbrauch
i = laufende Periode

Aufgabenteil g) (5 Punkte)
Wie ist das analoge Uhrwerk im Rahmen der Beschaffungsplanung in Bezug auf die Werthaltigkeit und die Vorhersagegenauigkeit zu kategorisieren? Welche Maßnahmen sind aufgrund dieser Kategorisierung von der Beschaffungsplanung zu ergreifen?

Produktionscontrolling

Aufgabe 5: Programmplanung bei alternativen Fertigungsprozessen[5] [6]

Die Klaus&Klaus Verlags-GmbH hat ein Problem: Wieder einmal sind die EDV-Anlagen ausgefallen. Und das ausgerechnet jetzt, da man dringend die Produktionsplanung für das kommende Quartal durchführen muss. Zwar konnte man die für die Berechnung relevanten Daten „retten", aber eine automatische Produktionsprogramm-Aufstellung ist zur Zeit nicht möglich.

Das Unternehmen stellt 4 Produkte (A, B, C und D) her und verwendet dabei funktionsgleiche, aber kostenverschiedene Maschinen. Die Kapazitäten, die an den einzelnen Aggregaten zur Verfügung stehen und die dabei entstehenden variablen Kosten sind in der folgenden Tabelle aufgeführt:

Variable Kosten		Kapazität
Aggregat 1	0,85	10.000
Aggregat 2	1,05	9.000
Aggregat 3	1,15	15.000

Es bestehen *keine* vertraglich vereinbarten oder strategisch bedingten Mindestmengen, die in jedem Fall zu produzieren wären. Die Programmplanung soll daher allein unter der Zielvorgabe der Deckungsbeitragsmaximierung aufgestellt werden.

Aufgabenteil a) (24 Punkte)
Führen Sie mit Hilfe der angegebenen Tabellen und auf Basis der dort gegebenen weiteren Informationen die Programmplanung durch. Füllen Sie die Tabellen vollständig aus! Rechnen Sie mit 3 Nachkommastellen. Wie viele Einheiten eines jeden Produktes werden hergestellt? Wie hoch ist der zu erzielende Deckungsbeitrag?

5 Vgl. Fietz, A./Littkemann, J.: Produktionscontrolling, in: Littkemann, J. (Hrsg.), Unternehmenscontrolling, Verlag NWB, Herne/Berlin 2006, S. 207 ff.

6 Aufgabe 5 hat einen Umfang von lediglich 40 Punkten; dies entspricht einer Bearbeitungszeit von 40 Minuten.

Produkt		Produkt A	Produkt B	Produkt C	Produkt D
Max. Absatz (Stk.)		1.500	2.000	3.000	4.000
Preis (Stk.)		51,50	74,00	82,00	44,00
Var. Kosten o. Engp.		42,00	60,00	78,00	42,50
PK: Zeitbedarf/Stk. im Engp. (ZE/Stk.)		7,00	8,50	4,00	1,00
Kapazitätsbed. bei max. Absatz					
Variable Kosten/Stk. im Engpaß	Aggregat 1				
	Aggregat 2				
	Aggregat 3				
Deckungs-spanne (GE/Stk.)	Aggregat 1				
	Aggregat 2				
	Aggregat 3				
Bruttodeckungsspanne					
rel. Bruttodeckungssp.					
Rangfolge					

Rang		1	2	3	4
Produkt					
Max. Absatz (Stk.)					
Produktionskoeffizient					
Deckungs-spanne (GE/Stk.)	Aggregat 1				
	Aggregat 2				
	Aggregat 3				
Produktion (Stk.) auf	Aggregat 1				
	Aggregat 2				
	Aggregat 3				
Kapazitäts-bean-spruchung	Aggregat 1				
	Aggregat 2				
	Aggregat 3				
Rest-kapazität	Aggregat 1				
	Aggregat 2				
	Aggregat 3				
Produktionsmenge (total)					
Deckungsbeitrag					
Deckungsbeitrag gesamt					

Aufgabenteil b) (11 Punkte)
Veranschaulichen Sie den Sachverhalt bezüglich der herzustellenden Produkte und der zur Verfügung stehenden Aggregate in einer groben Skizze. Verwenden Sie dazu die folgende Vorlage. Achten Sie auf eine vollständige Beschriftung!

Aufgabenteil c) (5 Punkte)
Geben Sie stichwortartig die Aufgaben von strategischer, taktischer und operativer Programmplanung wieder!

Aufgabe 6: Losgrößenplanung mit der Wagner/Whitin-Methode[7]

Die Metropolis AG stellt mit flexibel einsetzbaren Maschinen verschiedene Produkte her. Eines dieser Produkte ist das Produkt A. Das Produkt zeichnet sich durch eine schwankende Marktnachfrage aus, die aber für einen Zeitraum von 5 Wochen in die Zukunft recht gut prognostizierbar ist. Die Nachfrage für die kommenden 5 Wochen sieht wie folgt aus:

Planungsperiode	1	2	3	4	5
Bedarf	50	70	80	60	50

Die Lagerkosten für eine Einheit des Produktes A betragen pro Woche 1,1 Geldeinheiten. Diese Kosten fallen immer für eine ganze Woche an, unabhängig davon, ob das Produkt tatsächlich 7 Tage oder nur einen Tag eingelagert wurde. Wenn ein Los des Produktes A aufgelegt wird, fallen – unabhängig von der Größe des Loses – an der Maschine Rüst- und Vorbereitungskosten in Höhe von 100 Geldeinheiten an. Zeitliche oder räumliche Maschinenbelegungsprobleme aufgrund der verschiedenen herzustellenden Produkte bestehen dank großzügiger Kapazitäten nicht.

Die Metropolis AG möchte im Sinne einer Gewinnmaximierung die von Produkt A zu produzierenden Lose größenmäßig optimieren.

Aufgabenteil a) (5 Punkte)
Unter welchen Voraussetzungen kann die optimale Losgröße anhand der klassischen Losgrößenformel ermittelt werden?

Aufgabenteil b) (30 Punkte)
Bestimmen Sie nachfolgend die optimale Losaufteilung für das oben geschilderte Planungsproblem mit Hilfe des Verfahrens von Wagner/Whitin und beschreiben Sie kurz Ihr Vorgehen. Geben Sie dabei zumindest für den Fertigungszeitpunkt 1 Ihre Nebenrechnungen an!

Aufgabenteil c) (21 Punkte)
Bestimmen Sie die Größe des ersten Loses, wenn alternativ das Stückkostenverfahren angewandt wird! Was kann man bezüglich der Folgelose sagen? Erklären Sie kurz, wann das Wagner/Whitin-Verfahren und wann eher eine Heuristik wie das Stückkostenverfahren angewandt werden sollte!

Aufgabenteil d) (4 Punkte)
Nehmen Sie kurz dazu Stellung, inwiefern die optimale Losgröße allgemein als Kennzahl dienen kann!

---

7 Vgl. Fietz, A./Littkemann, J.: Produktionscontrolling, in: Littkemann, J. (Hrsg.), Unternehmenscontrolling, Verlag NWB, Herne/Berlin 2006, S. 250 ff.

Aufgabe 7: Kostenabweichungsanalyse[8]

Die Bügel AG ist ein Unternehmen der chemischen Industrie und stellt unter Anderem Reinigungsmittel her. Die Controlling-Abteilung der Bügel AG möchte nun zum Zwecke der Effizienzsicherung die Produktion des Geschirrspülmittels „Meister Glanz" mit Hilfe einer Kostenabweichungsanalyse näher untersuchen.

Die Rezeptur von „Meister Glanz" umfasst 6 verschiedene Zutaten. Kurz vor Produktionsstart wurden manche Zutatenmengen durch die Entwicklungsabteilung angepasst, um das Produkt zu verbessern. Die folgende Tabelle zeigt die Plan- und Ist-Mengen an Einsatzfaktoren für die laufende Produktion in Millilitern für je 1 Liter des fertigen Produktes an:

		Meister Glanz	
		Plan-Menge pro l	Ist-Menge pro l
Einsatzfaktoren	nichteonische Tenside [ml]	40,00	38,00
	amphotere Tenside [ml]	110,00	110,00
	anionische Tenside [ml]	250,00	260,00
	Farbstoffe [ml]	100,00	100,00
	Duftstoffe [ml]	80,00	80,00
	Hilfsstoffe [ml]	420,00	412,00

Die Plan- und Ist-Preise pro Milliliter des jeweiligen Inputfaktors sind folgender Tabelle zu entnehmen.

	Plan-Preis	Ist-Preis
nichteonische Tenside [ml]	0,00150 €	0,00180 €
amphotere Tenside [ml]	0,00100 €	0,00100 €
anionische Tenside [ml]	0,00500 €	0,00500 €
Farbstoffe [ml]	0,00100 €	0,00100 €
Duftstoffe [ml]	0,00200 €	0,00200 €
Hilfsstoffe [ml]	0,00020 €	0,00020 €

Es war geplant, in der laufenden Planungsperiode 100.000 Liter des Geschirrspülmittels zu produzieren. Tatsächlich wurde die Produktion jedoch kurzfristig auf 105.000 Liter ausgeweitet.

Aufgabenteil a) (12 Punkte)
Berechnen Sie auf Basis dieser Daten mit Hilfe der vorgegebenen Tabelle die Soll-Mengen, Ist-Mengen, Plan-Mixanteile und Ist-Mixanteile der Produktion! Die Planmengen sind bereits vorgegeben.

---

8 Vgl. Fietz, A./Littkemann, J.: Investitionscontrolling, in: Littkemann, J. (Hrsg.), Unternehmenscontrolling, Verlag NWB, Herne/Berlin 2006, S. 232 ff.

	Meister Glanz						
Input-Menge	Plan-Menge	Soll-Menge	Ist- Menge	Plan-Mixanteil	Ist-Mixanteil	Plan-Preis	Ist- Preis
nichteonische Tenside [ml]	4.000.000,00					0,00150 €	0,00180 €
amphotere Tenside [ml]	11.000.000,00					0,00100 €	0,00100 €
anionische Tenside [ml]	25.000.000,00					0,00500 €	0,00500 €
Farbstoffe [ml]	10.000.000,00					0,00100 €	0,00100 €
Duftstoffe [ml]	8.000.000,00					0,00200 €	0,00200 €
Hilfsstoffe [ml]	42.000.000,00					0,00020 €	0,00020 €
Summe Material	100.000.000,00						
Output-Menge		Plan-Menge	100.000,00		Ist-Menge	105.000,00	

Aufgabenteil b) (17,5 Punkte)
Berechnen Sie nun die Plankosten, Istkosten und Sollkosten der Produktion! Verwenden Sie dazu wiederum die folgende Tabelle!

(Tipp: Hilfreich kann bei der Berechnung ein Blick auf die Tabelle zu Aufgabenteil c) sein!)

	Plankosten	Istkosten	Sollkosten 1	Sollkosten 2	Sollkosten 3
nichteonische Tenside [ml]					
amphotere Tenside [ml]					
anionische Tenside [ml]					
Farbstoffe [ml]					
Duftstoffe [ml]					
Hilfsstoffe [ml]					
Summe Material					

Aufgabenteil c) (12 Punkte)
Berechnen Sie nun mit Hilfe der nachfolgend vorgegebenen Tabelle Kostenabweichung, Veränderung der variablen Kosten, Einsatzpreisabweichung, globale Verbrauchsabweichung, Einsatzmixabweichung und Restabweichung! Machen Sie dabei (z. B. durch Schraffur der nicht relevanten Teile) in der Tabelle kenntlich, wie sich die Abweichungen aus den verschiedenen Kosten zusammensetzen.

Beispiel:

Ist-Kosten	Soll-Kosten 1	Soll-Kosten 2	Soll-Kosten 3	Plankosten

xxxxxxxxxxxxxxxxxxxxxxxxx	Zahl	xxxxxxxxxxxx

	Meister Glanz				
Kosten-bestimmungs-faktoren	Ist-Kosten	Soll-Kosten 1	Soll-Kosten 2	Soll-Kosten 3	Plankosten
Einsatzpreis	Ist	Plan	Plan	Plan	Plan
Einsatzmix	Ist	Ist	Plan	Plan	Plan
Input-Menge	Ist	Ist	Ist	Soll	Plan
Output-Menge	Ist	Ist	Ist	Ist	Plan
Wert					
Kostenabweichung					
Veränd. d. var. Kosten					
Einsatzpreisabw.					
Glob. Verbrauchsab.					
Einsatzmixabw.					
Restabweichung					

Nur für den Fall, dass Sie in **Aufgabenteil b) zu keinem Ergebnis** gekommen sind, benutzen Sie für Ihre Berechnungen folgende Werte.

	Plankosten	Istkosten	Soll 1	Soll 2	Soll 3
nichteonische Tenside [ml]	6.500,00	8.000,00	6.400,00	7.000,00	7.000,00
amphotere Tenside [ml]	9.800,00	10.500,00	10.500,00	10.500,00	10.500,00
anionische Tenside [ml]	133.000,00	137.000,00	137.000,00	136.000,00	136.000,00
Farbstoffe [ml]	14.000,00	15.000,00	15.000,00	15.000,00	15.000,00
Duftstoffe [ml]	11.000,00	12.000,00	12.000,00	12.000,00	12.000,00
Hilfsstoffe [ml]	6.600,00	6.800,00	6.800,00	7.000,00	7.000,00
Summe Material	180.900,00	189.300,00	187.700,00	187.500,00	187.500,00

Aufgabenteil d) (18,5 Punkte)

Interpretieren Sie kurz und konkret für den vorliegenden Fall (Ihren Ergebnissen aus Aufgabenteil c) Kostenabweichung, Veränderung der variablen Kosten, Einsatzpreisabweichung, globale Verbrauchsabweichung, Einsatzmixabweichung und Restabweichung! Gehen Sie dabei auch darauf ein, in wie weit hier den einzelnen Abweichungen Verantwortlichkeiten zugeordnet werden können!

Aufgabe 8: Programmplanung mit dem LP-Ansatz[9]

Das taktische Produktionsprogramm der Jovel KG umfasst die 3 Produkte A, B und C. Von Produkt A können am Markt maximal *200 Stück*, von Produkt B *150 Stück* und von Produkt C *120 Stück* abgesetzt werden. Die Deckungsspanne von Produkt A beträgt *6 Geldeinheiten* (GE), von Produkt B *3 GE* und von Produkt C *4 GE.* Zur Fertigung der Produkte setzt die Jovel KG die Maschinen 1 (M1) und 2 (M2), sowie die Rohstoffe 1 (R1) und 2 (R2) ein.

Für die Herstellung *einer Einheit des Produktes A* werden *6 Zeiteinheiten (ZE) von M1*, *4 ZE von M2, 2 Einheiten von R1 und 1 Einheit von R2* benötigt.

Für die Herstellung *einer Einheit des Produktes B* benötigt man *3 ZE von M1, 3 ZE von M2* und *3 Einheiten von R2.*

Die Produktion einer Einheit des Produktes C benötigt *2 ZE von M2*, *4 Einheiten von R1 und 2 Einheiten von R2.*

Insgesamt stehen an der Maschine 1 (M1) *720 ZE* und an der Maschine 2 (M2) *500 ZE* zur Verfügung. Die verfügbare Menge des Rohstoffs 1 (R1) beträgt *620 Einheiten.* Der Rohstoff 2 (R2) steht unbegrenzt zur Verfügung.

Die Jovel KG ist ein gewinnorientiertes Unternehmen und möchte ein deckungsbeitragsmaximales Produktionsprogramm aufstellen.

Aufgabenteil a) (26,5 Punkte)
Stellen Sie für das oben aufgeführte Planungsproblem einen LP-Ansatz (Ausgangstableau) auf und führen Sie mit Hilfe des Simplex-Algorithmus die *erste Iteration* durch! Beschreiben Sie kurz Ihr Vorgehen!

Aufgabenteil b) (30 Punkte)
Die Odeon OHG stand vor einem ähnlichen Planungsproblem, hat aber bereits mit Hilfe des Simplex-Algorithmus folgendes Optimaltableau bestimmt (Es handelt sich hierbei **nicht** um das Optimaltableau zur LP aus Aufgabenteil a!):

BV	x_A	x_B	x_C	y_{M1}	y_{R1}	y_{R2}	y_A	y_C	RS
x_B		1		0,2		-0,4			12,000
y_{R1}				-0,6	1	0,8667	-3,3333		34,000
x_C			1			0,3333	-0,6667		50,000
x_A	1						1		150,000
y_C						-0,3333	0,6667	1	150,000
-DB				-0,6		-0,4667	-0,6667		-886,00

Die Indizes A, B und C beziehen sich auf die drei Produkte dieses Namens. Die Indizes M beziehen sich auf Maschinen. Die Indizes R beziehen sich auf Rohstoffe.

[9] Vgl. Fietz, A./Littkemann, J.: Produktionscontrolling, in: Littkemann, J. (Hrsg.), Unternehmenscontrolling, Verlag NWB, Herne/Berlin 2006, S. 223 ff.

Interpretieren Sie stichwortartig die ökonomische Aussage der Werte aller Basisvariablen und Dualwerte, sowie den Wert der Zielfunktion dieses Optimaltableaus!

Aufgabenteil c) (3,5 Punkte)

Nehmen Sie an, dass bei der Produktion der Odeon OHG tatsächlich auch ein Rohstoff 3 (R3) verarbeitet wird. Welche Aussage könnte man bei Betrachtung des oben aufgeführten Optimaltableaus bezüglich eines möglichen Rohstoffes 3 (R3) treffen?

Logistikcontrolling

Aufgabe 9: Losgrößenformel und Heuristiken zur Bestellplanung[10]

Aufgabenteil a) (10 Punkte)
Leiten Sie die klassische Losgrößenformel her. Stellen Sie zuvor die hierzu notwendigen Formeln für die Bestellkosten, die Lagerkosten und die daraus resultierenden Gesamtkosten auf. Nutzen Sie zur Aufstellung bzw. zur Herleitung die nachfolgenden Symbole:

C	=	Kosten
X	=	Jahresbestellmenge
y	=	Bestellmenge je Bestellung
b	=	Bestellkostensatz
p	=	Einstandspreis
l	=	Lagerkostensatz in % pro Jahr

Zeigen Sie ebenfalls, dass sich Lagerkosten und Bestellkosten für die optimale Losgröße entsprechen. Wie kann nachgewiesen werden, dass bei der ermittelten optimalen Losgröße ein Kostenminimum vorliegt? Der mathematische Beweis hierfür ist ***nicht*** durchzuführen.

Aufgabenteil b) (5 Punkte)
Skizzieren Sie den Verlauf der Bestellkosten, der Lagerkosten und den daraus resultierenden Gesamtkostenverlauf auf Grundlage der in Aufgabenteil a) aufgestellten Formeln. Zeichnen Sie ebenfalls die optimale Bestellmenge sowie die durch diese verursachten Gesamtkosten ein.

Aufgabenteil c) (8 Punkte)
Die Morgengenuss GmbH beschafft pro Jahr 80.000 optische Sensoren für einen neuen Kaffee-Vollautomaten. Der Preis pro Sensor beträgt 6,50 € (ohne Umsatzsteuer). Pro Bestellung fallen fixe Kosten in Höhe von 500 € an. Den Lagerkostensatz kalkuliert die Morgengenuss GmbH mit 4 % p. a. Ermitteln Sie anhand dieser Daten die optimale Bestellmenge gemäß der klassischen Losgrößenformel. Wie viele Bestellungen sind bei dieser Bestellmenge pro Jahr nötig? Gehen Sie hierbei davon aus, dass die erste Bestellung zum Beginn des betrachteten Jahres erfolgt. Wie hoch sind die Bestellkosten, die Lagerkosten und die Gesamtkosten bei der optimalen Bestellmenge?

Aufgabenteil d) (3 Punkte)
Beantworten Sie ***kurz*** die nachfolgende Frage: Können Heuristiken eine optimale Lösung generieren? Welchen Anspruch haben Heuristiken in Bezug auf das Generieren einer optimalen Lösung?

---

10 Vgl. Auerbach, J./Holtrup, M./Littkemann, J.: Logistikcontrolling, in: Littkemann, J. (Hrsg.), Unternehmenscontrolling, Verlag NWB, Herne/Berlin 2006, S. 437 ff.

Aufgabenteil e) (7 Punkte)
Bitte beantworten Sie ***kurz*** die unten gestellten Fragen:

e.1) Welcher Ansatz wird mit der Silver-Meal-Heuristik verfolgt?

e.2) Welchen Ansatz hat hingegen das Stückkostenverfahren?

e.3) Von welchem Ansatz geht das Cost-Balancing-Verfahren aus?

e.4) Welche Entscheidungsregel liegt dem Stückkostenverfahren zu Grunde?

e.5) Welche zentrale Annahme des Cost-Balancing-Verfahrens stimmt mit der klassischen Losgröße überein?

e.6) Ist diese Annahme der vorherigen Frage regelmäßig erfüllt? Welche Konsequenzen ergeben sich für die Entscheidungsregel des Cost-Balancing-Verfahrens?

e.7) Welche Annahme wird bei allen drei der oben genannten Verfahren bezüglich Lieferung und Bedarf/Verbrauch der gelieferten Waren getroffen?

Aufgabenteil f) (27 Punkte)
Der unterjährige Bedarf der aus Aufgabenteil c) bekannten Sensoren ist nicht konstant. Die Bedarfsprognose für das nachfolgende Jahr sieht folgendermaßen aus:

Unterjährige Bedarfsstruktur an Sensoren

Jan	Feb	Mrz	Apr	Mai	Jun	Jul	Aug	Sep	Okt	Nov	Dez
1.600	2.400	4.000	4.800	10.400	8.800	7.200	5.600	3.200	4.800	17.600	9.600
Quartal I			Quartal II			Quartal III			Quartal IV		
10%			30%			20%			40%		
8.000			24.000			16.000			32.000		
Jahresverbrauch											
80.000											

Ermitteln Sie mittels der Silver-Meal-Heuristik die Bestellzeitpunkte sowie die Bestellmengen für die ersten vier Bestellungen. Gehen Sie bei der letzten Bestellung ggf. davon aus, dass die Bedarfsstruktur im nachfolgenden Jahr identisch ist. Die Bestellkosten pro Bestellvorgang betragen 500 €, die Lagerkosten pro gelagertem Sensor je Monat betragen 0,022 €. Nutzen Sie zur Berechnung die am Ende der Aufgabe dargestellte Tabelle. Geben Sie den jeweiligen Bestellmonat, die zugehörige Bestellmenge sowie den Zeitraum bis zur nächsten Bestellung an. Runden Sie Ihr Ergebnis auf zwei Stellen nach dem Komma!

Hinweis:

Für die Silver-Meal-Heuristik gilt: Bestelle die Menge $\sum_{\tau=t_b}^{t} N_\tau$ zum Verbrauch bis zu der Periode, in der gilt:

$$\frac{\sum_{\tau=t_b}^{t}(\tau-t_b)*k_L*N_\tau+\overline{K_B}}{t-t_b+1} < \frac{\sum_{\tau=t_b}^{t+1}(\tau-t_b)*k_L*N_\tau+\overline{K_B}}{t-t_b+2}$$

mit:

k_L = Lagerkosten pro Stück pro Monat
N_τ = Bedarfsmenge der Periode (des Monats) τ
t_b = Zeitpunkt der Bestellung
K_B = konstante Bestellkosten pro Bestellung

A	B	C	D	E	F	G	H

k_L = 0,022 € ***(Die Tabelle kann mehr Zeilen enthalten, als zur Lösung notwendig sind.)***

K_B = 500 €

Aufgabe 10: Steiner-Weber-Ansatz[11]

Die Negnats AG hat ihre Verkaufsanstrengungen in verschiedenen Absatzzentren fokussiert. Dorthin werden die Produkte, gründlich galvanisierte Plümpel, geliefert. Das Controlling wurde mit der Aufgabe betraut, für die Plümpel einen optimalen Produktionsstandort mit zugehörigem Zentrallager zu finden. Als Ansatzpunkt hierfür soll der Steiner-Weber-Ansatz Verwendung finden.

Aufgabenteil a) (3 Punkte)
Wovon gehen quantitative Methoden der Standortplanung in der Regel aus? Was ist das *Ziel* des Steiner-Weber-Ansatzes? *Gliedern Sie ihre Antwort mit Hilfe von Spiegelstrichen!*

Aufgabenteil b) (7 Punkte)
Nennen Sie die Grundannahmen, von denen der Steiner-Weber-Ansatz ausgeht. *Gliedern Sie ihre Antwort mit Hilfe von Spiegelstrichen!*

Aufgabenteil c) (8 Punkte)
Seien x und y die Koordinaten des gesuchten Produktionsstandortes mit zugehörigem Zentrallager sowie x_A und y_A die Koordinaten *eines* Absatzzentrums. Wie lässt sich mit Hilfe des Satzes von Pythagoras die Luftlinienentfernung *d* zwischen den beiden Punkten ermitteln? Geben Sie die ermittelte Entfernung *d* als Formel in Abhängigkeit von den gegebenen Koordinaten an. Unterstützen Sie Ihre Erläuterungen mit einer aussagekräftigen Skizze!

Aufgabenteil d) (3 Punkte)
Es sei m_i die Menge, die jeweils zwischen dem Produktionsstandort mit zugehörigem Zentrallager (Koordinaten: x und y) und den Absatzzentren *i* mit den Koordinaten x_i und y_i transportiert werden. Ferner sei g die konstante Geldeinheit, die pro zurückgelegter Entfernungseinheit und transportierter Mengeneinheit anfällt. Wie lautet die zu minimierende Zielfunktion *Z* des Steiner-Weber-Ansatzes bei *drei* Absatzstandorten?

Aufgabenteil e) (8 Punkte)
Wie kann man beim Steiner-Weber-Ansatz die Koordinaten x und y des transportkostenminimalen Standorts ermitteln? Beschreiben Sie das Vorgehen verbal. Eine mathematische Herleitung ist *nicht* notwendig. *Gliedern Sie ihre Antwort mit Hilfe von Spiegelstrichen!*

Hilfe: Für die Ermittlung der Koordinaten x und y gilt:

$$1a)\ x = \frac{\sum_{i=1}^{n} \frac{m_i x_i}{\sqrt{(x-x_i)^2+(y-y_i)^2}}}{\sum_{i=1}^{n} \frac{m_i}{\sqrt{(x-x_i)^2+(y-y_i)^2}}} \quad \text{und}\ 1b)\ y = \frac{\sum_{i=1}^{n} \frac{m_i \cdot y_i}{\sqrt{(x-x_i)^2+(y-y_i)^2}}}{\sum_{i=1}^{n} \frac{m_i}{\sqrt{(x-x_i)^2+(y-y_i)^2}}}$$

---

11 Vgl. Auerbach, J./Holtrup, M./Littkemann, J.: Logistikcontrolling, in: Littkemann, J. (Hrsg.), Unternehmenscontrolling, Verlag NWB, Herne/Berlin 2006, S. 464 ff.

Aufgabenteil f) (8 Punkte)
Hinsichtlich der Aussagekraft der Modellergebnisse des Steiner-Weber-Ansatzes werden einige kritische Annahmen getroffen. Nennen und erläutern Sie *vier* dieser kritischen Annahmen.

Aufgabenteil g) (23 Punkte)
Die Negnats AG hat die folgend dargestellten Absatzzentren.

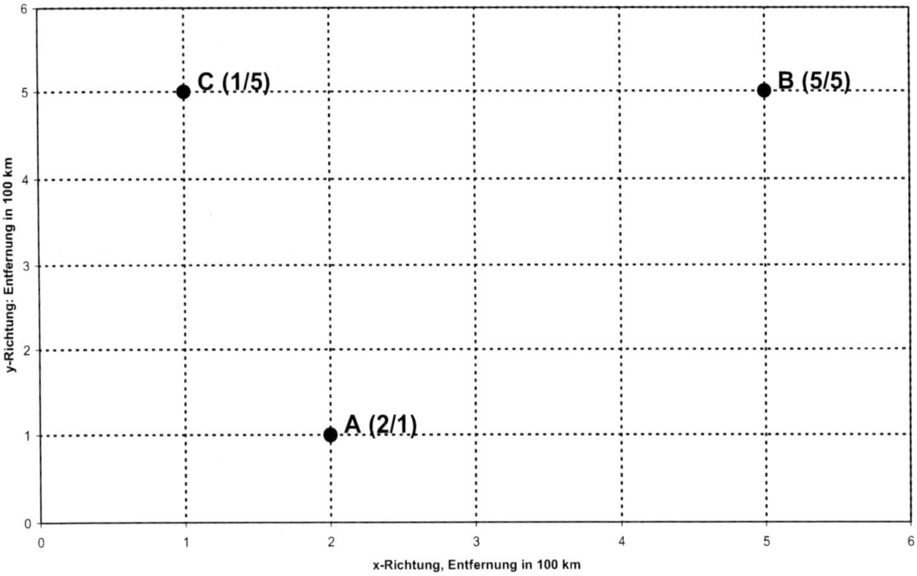

Folgende Mengen sollen vom Produktionsstandort mit Zentrallager zu den jeweiligen Absatzzentren A, B und C transportiert werden:

m_A: 50 Mengeneinheiten,
m_B: 40 Mengeneinheiten und
m_C: 10 Mengeneinheiten.

Führen Sie den ersten Iterationsschritt nach Miehle durch. Wie lauten die Koordinaten für x^1 und y^1 nach dem ersten Iterationsschritt? Beachten Sie hierfür die in Aufgabenteil e) dargestellten Hilfsformeln! Ermitteln Sie als Startwert für x und y die Koordinaten des Schwerpunkts des Systems aller Absatzorte (x_i, y_i). Wie lautet dieser Startwert in allgemeiner mathematischer Schreibweise?

Können Sie den Schwerpunkt des Systems aller Absatzorte nicht ermitteln, gehen Sie für den ersten Iterationsschritt von einem Startwert von x^0=2,10 und y^0=3,00 aus.

Ermitteln Sie alle Ergebnisse jeweils auf zwei Nachkommastellen genau!

Aufgabe 11: Savings-Verfahren[12] [13]

Aufgabenteil a) (10 Punkte)
Was ist der Planungsgegenstand der Tourenplanung? Worin besteht der Unterschied zwischen einer Route und einer Tour? Was ist das Ziel der Tourenplanung, mit welchen Indikatoren wird diese Zielgröße in der Regel gemessen und warum werden diese Indikatoren eingesetzt?

Aufgabenteil b) (15 Punkte)
Erläutern Sie das Grundprinzip des Savings-Verfahrens nach Clarke und Wright. Gliedern Sie ihre Antwort mit Hilfe von Spiegelstrichen und unterstützen Sie Ihre Erläuterungen mit einer aussagekräftigen Skizze!

Aufgabenteil c) (15 Punkte)
Gegeben sei ein Koordinatensystem mit den Auslieferungsorten P_j mit den Koordinaten (x_j/y_j) und P_k mit den Koordinaten (x_k/y_k). Das Auslieferungslager P_0 mit den Koordinaten (0/0) liege im Ursprung des Koordinatensystems. Wie lässt sich im Savings-Verfahren mit Hilfe des Satzes von Pythagoras die Wegstreckenersparnis s_{jk} errechnen, wenn man die Standorte P_j und P_k statt einzeln nun in einer Tour anfährt? *Unterstützen Sie Ihre Erläuterungen mit einer aussagekräftigen Skizze!*

Aufgabenteil d) (20 Punkte)
Gegeben sind die Standorte der zu beliefernden Kunden (siehe nachfolgendes Koordinatensystem), das Auslieferungslager liege im Ursprung des Koordinatensystems. Ermitteln Sie die fehlenden Werte in der symmetrischen Entfernungsmatrix und erstellen Sie in der nachfolgenden Tabelle die Savingsmatrix. *Die Berechnung der einzelnen Werte muss nachvollziehbar sein!*

---

[12] Vgl. Auerbach, J./Holtrup, M./Littkemann, J.: Logistikcontrolling, in: Littkemann, J. (Hrsg.), Unternehmenscontrolling, Verlag NWB, Herne/Berlin 2006, S. 479 ff.

[13] Aufgabe 11 hat einen Umfang von 80 Punkten; dies entspricht einer Bearbeitungszeit von 80 Minuten.

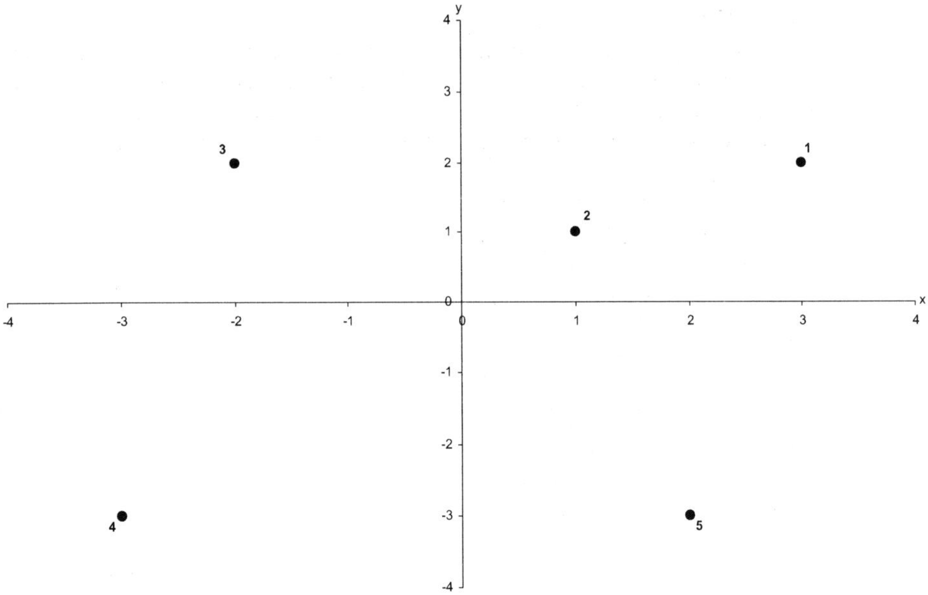

Beachte: $d_{jk} = \sqrt{(x_j - x_k)^2 + (y_j - y_k)^2}$

d_{jk}	0	1	2	3	4	5
0						
1						
2						
3						
4						
5						

s_{jk}	1	2	3	4	5
1	-----				
2		-----			
3			-----		
4				-----	
5					-----

Aufgabenteil e) (20 Punkte)

Gegeben sind die symmetrischen Entfernungsmatrix und die Savings-Matrix der Auslieferungsorte 1 bis 5. Die Werte wurden aus den Koordinaten der einzelnen Standorte ermittelt, wobei das Auslieferungslager mit den Koordinaten (0/0) im Ursprung des Koordinatensystems liegt. Bitte nutzen sie diese Matrizes zur Vermeidung von Folgefehlern für das weitere Vorgehen.

d_{jk}	Lager	1	2	3	4	5
Lager	0,00	3,00	2,24	2,24	1,41	2,83
1		0,00	1,41	4,47	4,12	2,24
2			0,00	3,16	3,61	3,00
3				0,00	3,00	5,00
4					0,00	3,16
5						0,00

s_{jk}	1	2	3	4	5
1		3,82	0,76	0,29	3,59
2			1,31	0,04	2,06
3				0,65	0,06
4					1,08
5					

Zu den einzelnen Auslieferungsorten müssen vom Lager aus folgende Mengen geliefert werden: 5 Mengeneinheiten nach Ort 1, 4 Mengeneinheiten nach Ort 2, 5 Mengeneinheiten nach Ort 3, 2 Mengeneinheiten nach Ort 4 und 6 Mengeneinheiten nach Ort 5. Auf einen LKW passen 13 Mengeneinheiten, die während einer Tour maximal transportiert werden können.

Ermitteln Sie anhand der angegebenen Werte die Prioritätenliste der Savings s_{jk}:

	1	2	3	4	5	6	7	8	9	10
Auslieferungsort j										
Auslieferungsort k										
Savings										

Ermitteln Sie anhand der Prioritätenliste mit Hilfe des Savings-Verfahren einen Tourenplan. *Die einzelnen Iterationsschritte zur Ermittlung von Touren müssen dabei nachvollziehbar sein!*

Wie lang sind die einzelnen Touren? Welche Gesamtlänge ergibt sich für alle Touren? *Ihre Berechnungen müssen nachvollziehbar sein!*

Aufgabe 12: Bestellmengenverfahren[14]

Aufgabenteil a) (12 Punkte)
Was ist der Kerngedanke von Bestellpunktmodellen in der Beschaffung? Nehmen Sie in diesem Zusammenhang zu den Begriffen Mindestbestand und Bestellbestand Stellung. Welche zwei Grundformen des Bestellrhythmusmodells kennen Sie und wie kann die Bestellmenge bei Bestellpunkt- und Bestellrhythmusmodell grundsätzlich gewählt werden? *Gliedern Sie ihre Antwort mit Hilfe von Spiegelstrichen!*

Aufgabenteil b) (15 Punkte)
Die ABC- und XYZ-Analyse teilen Beschaffungsgüter nach bestimmten Kriterien ein. Nehmen Sie in diesem Zusammenhang Stellung zu folgenden Aussagen. Begründen Sie Ihre Stellungnahmen.

Aussage 1: „Das Bestellrhythmusmodell mit variablen Bestellmengen zur Erreichung eines gegebenen Höchstbestand zum Lieferungszeitpunkt ist gut für AZ-Güter einsetzbar."

Aussage 2: „Das Bestellrhythmusmodell mit variablen Bestellmengen zur Erreichung eines gegebenen Höchstbestand zum Lieferungszeitpunkt ist für CZ-Güter geeignet."

Aussage 3: „Die Bestellverfahren ‚Cost-Balancing' und ‚Silver-Meal-Heuristik' sind für CX-Güter grundsätzlich und sinnvoll einsetzbar".

Aufgabenteil c) (15 Punkte)
Gegeben sind die am Ende der Aufgabenteile dargestellten Bestellverläufe. Interpretieren sie diese anhand des vorliegenden Bestellverhaltens. Um welche Ausprägungsform von Bestellrhythmus- und Bestellpunktmodell handelt es sich jeweils? *Gliedern Sie ihre Antwort sinnvoll!*

Aufgabenteil d) (18 Punkte)
Die Negnats AG handelt mit gründlich galvanisierten Plümpeln. Heute ist die aktuelle Bestellung beim Lieferanten fällig. Für die Bestellung wendet die Negnats AG das Bestellrhythmusverfahren an. Die Bestellungen erfolgen regelmäßig alle 12 Tage. Die Zeit bis zur Lieferung für die aktuelle Bestellung beträgt, wie gewöhnlich, 7 Tage. Aufgrund der Werksferien des Lieferanten wird die Lieferung nach der nächsten Bestellung drei Tage länger dauern als gewöhnlich.

Aktuell liegen noch 63 Plümpel auf Lager, die exakt bis zum nächsten Liefertermin ausreichen. Die Entnahme der Plümpel erfolgt dabei immer regelmäßig und konstant, so dass zur Vereinfachung von einem gleich bleibenden linearen Abgang ausgegangen werden kann.

Wie viele Plümpel müssen heute bestellt werden, damit die Lieferung ausreicht, um den Verbrauch vom nächsten bis zum übernächsten Liefertermin zu decken? *Ihre Ermittlung*

---

[14] Vgl. Auerbach, J./Holtrup, M./Littkemann, J.: Logistikcontrolling, in: Littkemann, J. (Hrsg.), Unternehmenscontrolling, Verlag NWB, Herne/Berlin 2006, S. 448 ff.

der Bestellmenge muss nachvollziehbar sein!

Unterstützen Sie Ihre Rechnungen und stichpunktartigen Erläuterungen mit einer Zeichnung, aus der der Lagerbestand im Zeitverlauf deutlich wird. Gehen Sie von einem Maßstab von 1 cm pro Tag auf der Abszisse und 1 cm pro 10 Stück auf der Ordinate aus. Zeichnen Sie ebenfalls alle relevanten Bestell- und Lieferzeitpunkte sowie die zur Berechnung notwendigen Zeitperioden ein.

<u>Bestellverläufe (Aufgabenteil c))</u>

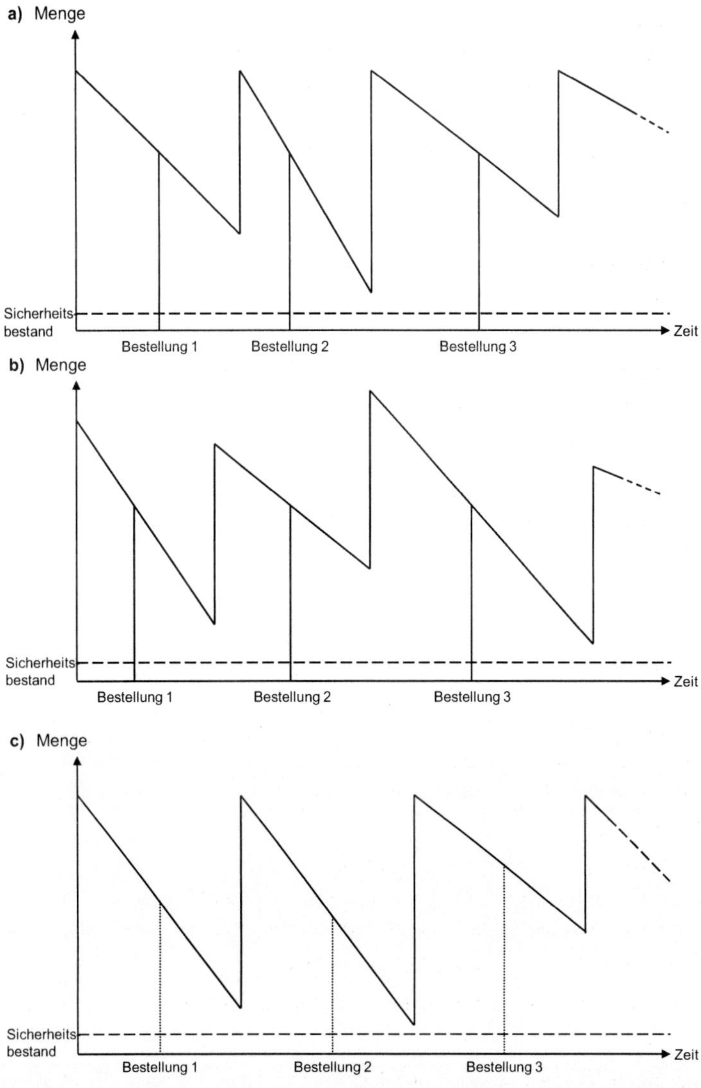

Marketingcontrolling

Aufgabe 13: Portfolioanalysen[15]

Die einzelnen Produktkategorien der Morgengenuss GmbH – Kaffeemaschinen für Privathaushalte und solche für die Gastronomie – werden mittlerweile als getrennte Divisionen geführt, die unabhängig voneinander arbeiten und an die Unternehmensleitung berichten. Der Marketingleiter Mark Etting ist nun nicht mehr mit der operativen Steuerung des Marketings betraut, sondern „nur noch" für die Koordination der Aktivitäten der Geschäftsbereiche und für das übergreifende Marketing der Gesamtunternehmung zuständig. An ihn berichtet auch Herr Krüger, der für das Marketing der Gastronomie-Division verantwortlich ist. In dieser Division werden unter anderem Portfolios zum Controlling der Marketingaktivitäten eingesetzt.

Krüger bekam bei seiner Einstellung auch die Aufgabe übertragen, monatlich die Entwicklung der Produkte anhand des von der Bosten Consulting Group (BCG) entwickelten BCG-Portfolios zu berichten. Für den gerade abgelaufenen Monat hat er Etting für die vier von seiner Division vertriebenen Produkte die folgenden Daten und das dazugehörige BCG-Portfolio vorgelegt:

Produkt	Marktanteil	Marktanteil Konkurrent 1	Marktanteil Konkurrent 2	Marktanteil Konkurrent 3	geschätztes Marktwachstum	Preis	Absatzmenge
Café de Paris	0,4	0,05	0,2	0,25	0,15	2000	200
Aroma Grand	0,2	0,25	0,15	0,4	0,1	1500	100
Aroma Intern	0,12	0,1	0,1	0,3	-0,05	600	150
Cafe Roma	0,3	0,15	0,15	0,2	-0,05	1500	250

15 Vgl. Derfuß, K./Littkemann, J.: Marketingcontrolling, in: Littkemann, J. (Hrsg.), Unternehmenscontrolling, Verlag NWB, Herne/Berlin 2006, S. 311 ff.

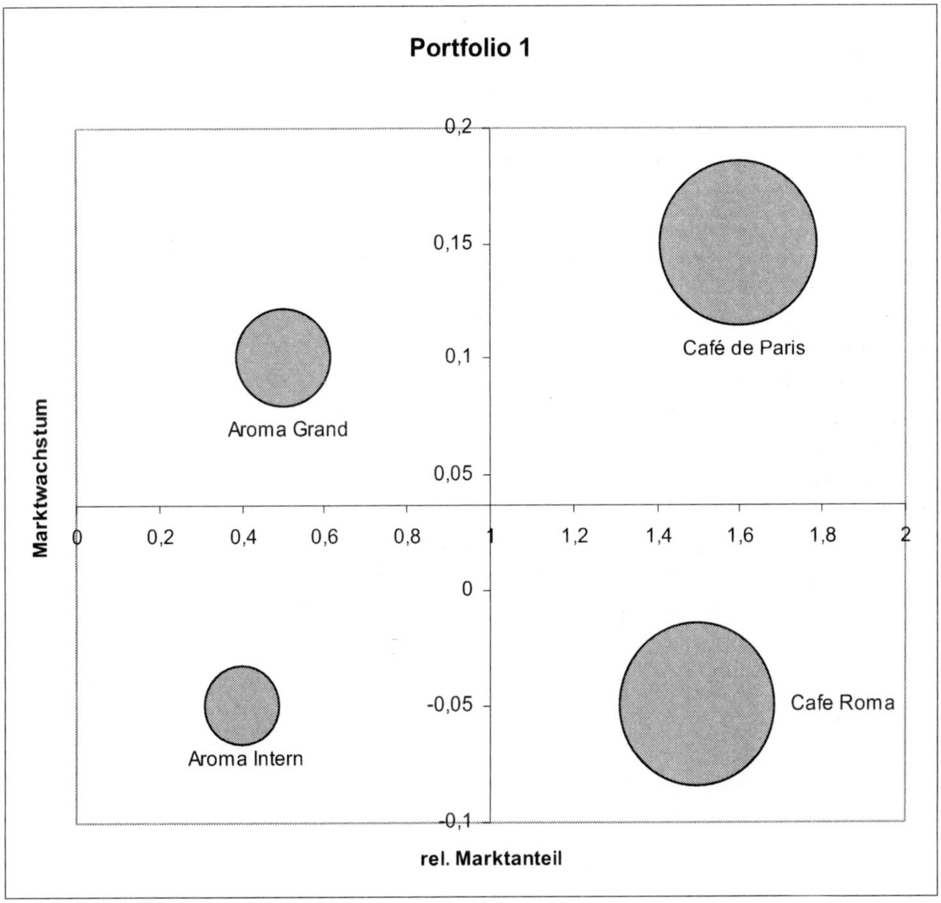

Aufgabenteil a) (10 Punkte)
Erläutern Sie kurz das Produktlebenszykluskonzept und seine Bedeutung für die Portfolioerstellung.

Aufgabenteil b) (16 Punkte)
Beschreiben Sie die Normstrategien, die für das BCG-Portfolio empfohlen werden, und ordnen Sie diese den vier Produkten der Gastronomiedivision der Morgengenuss GmbH zu.

Aufgabenteil c) (34 Punkte)
Diskutieren Sie ausführlich für die im abgebildeten Portfolio dargestellten Produkte die ökonomischen Auswirkungen der Befolgung dieser Normstrategien auf die die Gastronomiedivision der Morgengenuss GmbH betreffenden Funktionsbereiche Produktion, Beschaffung/Logistik und Personal. Gehen Sie dabei auch auf unterschiedliche Kosten- und Kapazitätsauswirkungen in diesen Bereichen ein.

Aufgabe 14: Erlösabweichungsanalyse[16]

Schon immer spielten sich seit der Einstellung Konrad Trollers als Controller in der Morgengenuss GmbH unschöne Szenen ab, wenn es zur monatlich wiederkehrenden Analyse der Abweichungen der einzelnen Bereiche von ihren Planzahlen kam. Diesmal zeichnete es sich jedoch ab, dass die Analyse für Mark Etting und Herrn Krüger, den Marketingverantwortlichen der Gastronomiedivision der Morgengenuss GmbH glimpflich ausgehen würde, da Herr Troller einfach keine Zeit hatte, sich mit den beiden gemeinsam mit den Zahlen zu beschäftigen. Er hatte die Daten nur schnell zusammengestellt und Etting mit den Worten „Wir diskutieren das dann in einigen Tagen mal, ich muss mich vorher aber noch um einige andere Dinge kümmern, aber hier sind schon mal die vorläufigen Zahlen des Monats!" auf den Tisch gelegt. Etting und Krüger würden also zunächst relativ unbehelligt arbeiten können. Etting begab sich daher zu Krüger ins Büro, um einige Ungereimtheiten der Division auszubügeln, bevor Troller damit beginnen würde.

Etting: „Guten Morgen Herr Krüger, Troller hat mir gestern Abend noch eine vorläufige Zusammenstellung der Monatszahlen, inklusive der Abweichungsanalyse, gegeben. Ich habe es noch nicht geschafft, reinzuschauen, das war mir dann gestern einfach zu viel. Troller hat gerade keine Zeit, deshalb sollten wir das jetzt schon mal gemeinsam durchgehen. Dann sind wir wenigstens gewappnet, wenn die endgültigen Zahlen kommen und wieder ein Unwetter über uns heruntergeht."

Krüger: „Das wird doch diesmal nicht so schlimm sein, wir stehen doch, soweit ich das für meinen Bereich ohne den Bericht sagen kann, ganz gut da. Ist es denn diesmal wenigstens eine Ursachenanalyse oder immer noch die alte Symptomanalyse, die uns eigentlich nichts bringt?"

Etting, die Mappe mit dem Bericht aufschlagend: „Symptomanalyse."

Aufgabenteil a) (10 Punkte)
Nennen Sie diejenigen Faktoren, die im System der Abweichungsursachenanalyse als erlösbeeinflussend angesehen werden. Nennen Sie zudem vier wichtige Kritikpunkte an der Ursachenanalyse.

Krüger: „Na, dann geben Sie die Zahlen mal her, dann sehe ich mir das auch mal an."

Sprachs und stieß mit dem Schnellhefter, den Etting ihm überreichte, seine Kaffeetasse um. Und natürlich ergoss sich der gesamte Inhalt über den Schreibtisch und zahlreiche Spritzer sorgten dafür, dass einige Teile der Analyse unlesbar wurden.

Krüger: „Mist! Hätte Troller uns nicht wenigstens einen ordentlichen Ausdruck geben können? Arbeitet der immer noch mit seinem alten Tintenstrahldrucker? Jetzt müssen wir den Sch… nicht nur interpretieren und die Probleme suchen, jetzt müssen wir das ganze auch noch mal rechnen …!"

16 Vgl. Derfuß, K./Littkemann, J.: Marketingcontrolling, in: Littkemann, J. (Hrsg.), Unternehmenscontrolling, Verlag NWB, Herne/Berlin 2006, S. 381 ff.

Aufgabenteil b) (40 Punkte)

Ergänzen Sie die fehlenden Zellen der folgenden Tabelle. Stellen Sie dabei Ihren Lösungsweg ausführlich dar und erläutern Sie ggf. verwendete Symbole.

	Produktgruppen	Gewerbliche				
	Produkte	Café de Paris	Aroma Grand	Aroma Intern	Cafe Roma	Σ
Planwerte	$Menge_p$	432,00	372,00	132,00	[redacted]	1.200,00
	$Mixanteil_p$	0,36	[redacted]	0,11	0,22	1,00
	$Preis_p$	1.400,00	1.200,00	450,00	1.600,00	--
	$Umsatz_p$	604.800,00	446.400,00	59.400,00	422.400,00	[redacted]
	variable $Kosten_p$	1.200,00	1.000,00	350,00	1.000,00	--
	$Deckungsbeitrag_p$	[redacted]	74.400,00	13.200,00	158.400,00	[redacted]
Istwerte	$Menge_i$	374,00	341,00	143,00	242,00	1.100,00
	$Mixanteil_i$	0,34	[redacted]	[redacted]	0,22	1,00
	$Preis_i$	1.400,00	1.200,00	450,00	1.500,00	[redacted]
	$Umsatz_i$	[redacted]	409.200,00	64.350,00	363.000,00	1.360.150,00
	variable $Kosten_i$	1.250,00	1.000,00	375,00	1.000,00	--
	$Deckungsbeitrag_i$	56.100,00	68.200,00	10.725,00	121.000,00	256.025,00
Erlösabweichungsanalyse	Umsatzabweichung	-81.200,00	[redacted]	4.950,00	-59.400,00	-172.850,00
	Preisabweichung rein	0,00	[redacted]	0,00	[redacted]	-26.400,00
	Mengenabweichung	-81.200,00	[redacted]	4.950,00	[redacted]	-148.650,00
	Sekundäre Abweichung	0,00	[redacted]	0,00	[redacted]	2.200,00
	Preisabweichung kum.	0,00	[redacted]	0,00	-24.200,00	-24.200,00
	Mixabweichung	-30.800,00	[redacted]	9.900,00	0,00	-20.900,00
	Volumenabweichung	[redacted]	-37.200,00	-4.950,00	-35.200,00	[redacted]

Aufgabenteil c) (10 Punkte)

Erläutern und interpretieren Sie die folgenden Parameter und Abweichungen für die Aroma Grand aus Aufgabenteil b):

- $Mixanteil_i$,
- Umsatzabweichung,
- Preisabweichung rein,
- sekundäre Abweichung und
- Preisabweichung kum.

Investitionscontrolling

Aufgabe 15: Nutzwertanalyse[17]

Aufgabenteil a) (10 Punkte)
Nutzwertanalysen werden häufig als Instrument zur Vorauswahl von Investitionsalternativen eingesetzt. Dabei zeichnen sie sich unter anderem durch ihr strukturiertes Vorgehen aus.

Beschreiben Sie das Konzept der Nutzwertanalyse. Skizzieren Sie die Nutzwertanalyse dabei im Rahmen ihrer Teilschritte.

Aufgabenteil b) (8 Punkte)
Gegeben ist folgendes Zielkriteriensystem. Die abgebildete Prozentzahl beschreibt jeweils den Anteil des Zielkriteriums am Zielkriterium der nächst höheren Ebene.

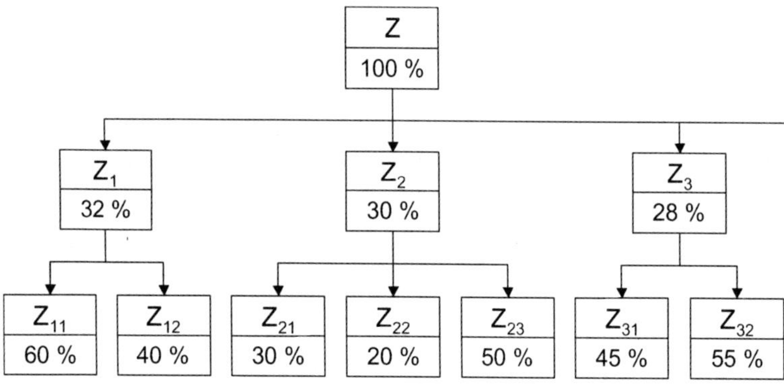

Ermitteln Sie die Gewichtung der Zielkriterien der jeweils untersten Zielkriterienebene im Verhältnis zum Oberziel (Z). Bringen Sie die Zielkriterien entsprechend ihrer Wichtigkeit in die richtige Reihenfolge.

Aufgabenteil c) (12 Punkte)
Unterziehen Sie die Nutzwertanalyse einer kritischen Würdigung. Welche Vor- und welche Nachteile weist das Verfahren auf und welche Restriktionen sind bei der Interpretation der Ergebnisse der Nutzwertanalyse zu beachten? Bewegen Sie sich bei der Analyse im Rahmen der in Aufgabenteil a) aufgezeigten Teilschritte.

---

17 Vgl. Schulte, K./Littkemann, J.: Investitionscontrolling, in: Littkemann, J. (Hrsg.), Unternehmenscontrolling, Verlag NWB, Herne/Berlin 2006, S. 603 ff.

Aufgabenteil d) (15 Punkte)
Aufgrund seiner ansprechenden Leistungen für die Morgengenuss GmbH hat die Geschäftsleitung dem Controller Konrad Troller einen Dienstwagen versprochen. Die Auswahl des Wagens ist dem Controller selbst überlassen – es soll sich allerdings um einen Wagen der oberen Mittelklasse halten. Da Troller keine Vorlieben für bestimmte Marken hegt, will er bei der Auswahl des Wagens nach objektiven Kriterien vorgehen. Deshalb hat er sich aus einer Autozeitschrift folgenden Vergleichstest besorgt:

Testnoten (Noten von 1,0-6,0)	**Modell Stuttgart**	**Modell Wolfsburg**	**Modell München**
Karosserie	3,5	1,5	2,5
Innenraum	2,5	4	2,5
Motor Antrieb	3	3	2,5
Sicherheit	2	2,5	2
Umwelt	1,5	2	2

Legende: 1,0 = sehr gut; 1,5 = (noch) sehr gut; … ; 6,0 = ungenügend

Diese Testnoten will Troller nun zu einer Gesamttestnote aggregieren. Allerdings ist er sich über die Gewichtung der einzelnen Faktoren unschlüssig. Am wichtigsten ist ihm als jungem Familienvater die Sicherheit des Autos. An zweiter Stelle sollte der Wagen umweltfreundlich und drittens gut motorisiert sein. Die Karosserie ist für ihn von nachgelagerter Bedeutung, noch weniger interessiert ihn die Gestaltung des Innenraums.

Ermitteln Sie die Kriteriengewichte durch einen paarweisen Direktvergleich.

Aufgabenteil e) (15 Punkte)
Berechnen Sie die Nutzwerte der drei Alternativen auf Basis der von Ihnen ermittelten Kriteriengewichte. Die beste Alternative soll dabei den höchsten Punktwert aufweisen, d. h. geben Sie für die bestmögliche Testnote 10 Punkte und für die schlechteste mögliche Testnote 0 Punkte. Unterstellen Sie dazwischen gleichmäßige Abstände.

Welche ist die Alternative mit dem höchsten Nutzwert?

Aufgabe 16: Dynamische Verfahren der Investitionsrechnung[18]

Aufgrund der mittlerweile wieder sehr gut laufenden Geschäfte hat sich die Geschäftsführung der Morgengenuss GmbH um Jenny Fair entschieden, ihren Mitarbeitern und sich selbst etwas Gutes zu tun. Sie plant, einen großzügigen Fitnessbereich auf dem Firmengelände zu erstellen, in dem sich die Mitarbeiter der Morgengenuss GmbH vor und nach der Arbeit gegen Entgelt sportlich betätigen können. Für die Einrichtung des Fitnessbereichs stehen ***drei Alternativen*** zur Verfügung:

1. ein Schwimmbecken mit Anschaffungskosten in Höhe von 5.200 Geldeinheiten (GE),
2. ein Fitnessgerätebereich mit Anschaffungskosten in Höhe von 5.000 GE oder
3. ein Sauna- und Solariumbereich mit Anschaffungskosten in Höhe von 4.700 GE.

Alle zur Auswahl stehenden Varianten können am Ende des Investitionsjahres fertig gestellt werden und haben eine Nutzungsdauer (ND) von sechs Jahren, bis eine umfassende Erneuerung der Anlagen fällig werden würde. Ein Liquidationserlös am Ende der Nutzungsdauer ist für keine der drei Varianten zu erzielen. Die variablen Kosten aller drei Alternativen betragen jeweils 65 % der Erlöse in den ersten beiden Jahren der Nutzungsdauer, 75 % der Erlöse in den Jahren drei und vier sowie 85 % der Erlöse in den letzten beiden Jahren der Nutzungsdauer.

Auf Basis einer Umfrage unter den Mitarbeitern wurden folgende ***Besucherzahlen je Stunde*** für die ***einzelnen Nutzungsjahre*** prognostiziert.

Variante	Besucherzahlen je Stunde und ND						Erlöse je Stunde und Besucher in GE
	1.	2.	3.	4.	5.	6.	
Schwimmbecken	20	20	25	25	30	30	0,18
Fitnessgerätebereich	50	40	40	40	30	30	0,09
Sauna- und Solariumanlage	40	40	40	40	45	45	0,06

Bei der Variante „Schwimmbecken“ und bei der Variante „Fitnessgerätebereich“ fallen zudem ***Kosten für Betreuungspersonal*** an. Für einen ***Bademeister am Schwimmbecken*** werden Kosten in Höhe von jährlich 700 GE veranschlagt; ein ***Physiotherapeut für den Fitnessgerätebereich*** kostet 540 GE pro Jahr. Für die Sauna- und Solariumanlage fallen keine weiteren Kosten an.

Alle drei Anlagen wären an ***300 Tagen im Jahr*** geöffnet und täglich jeweils von 06.00 bis 08.00 Uhr und von 18.00 bis 22.00 Uhr in Betrieb. Geld kann derzeit am Kapitalmarkt zu 10 % p. a. angelegt werden. Sämtliche Zahlungen sollen ***vereinfachend am Jahresende*** anfallen.

---

18 Vgl. Schulte, K./Littkemann, J.: Investitionscontrolling, in: Littkemann, J. (Hrsg.), Unternehmenscontrolling, Verlag NWB, Herne/Berlin 2006, S. 614 ff.

Jenny Fair bittet den Controller der Morgengenuss GmbH Konrad Troller, eine Entscheidungsvorlage zu erstellen, die die dargelegten Entscheidungsalternativen miteinander vergleicht und eine Entscheidungsempfehlung liefert.

Aufgabenteil a) (12 Punkte)
Nennen Sie die Ziele des Investitionscontrollings. Beschreiben Sie darauf aufbauend den jeweiligen Zielen zuzuordnende Aufgabenbereiche des Investitionscontrollings.

Aufgabenteil b) (28 Punkte)
Stellen Sie für die drei angesprochenen Varianten die Zahlungsreihen auf und ermitteln Sie darauf aufbauend die Kapitalwerte. Runden Sie dabei auf zwei Stellen genau. Für welche Variante sollte sich die Geschäftsführung der Morgengenuss GmbH entscheiden? Stellen Sie Ihren Lösungsweg ausführlich dar.

Aufgabenteil c) (10 Punkte)
Welche Variante sollte nach der internen Zinsfuß-Methode gewählt werden?

Führen Sie ***eine*** Iteration durch und suchen Sie den internen Zinsfuß zwischen 12 % und 13 %.

Aufgabenteil d) (10 Punkte)
Wie sind die Ergebnisse der Aufgabenteile b) und c) hinsichtlich der den jeweiligen Verfahren zugrunde liegenden spezifischen Prämissen zu interpretieren?

Aufgabe 17: Vollständiger Finanzplan (VoFi)[19]

Aufgabenteil a) (25 Punkte)

Ein Bundesligaverein beabsichtigt, einen erfahrenen Spitzenspieler (28 Jahre) von einem anderen Bundesligaverein zu einem Preis von 6,0 Mio. € zu erwerben und ihn mit einem 5-Jahres-Vertrag auszustatten. Der aufnehmende Verein plant allerdings, den neuen Spieler am Ende des ***dritten Jahres*** der Nutzungsdauer wieder zu verkaufen; zum einen, um noch eine Ablösesumme – die auf 3,5 Mio. € geschätzt wird – zu erhalten, und zum anderen, um die entsprechende Position mit einem jüngeren Spieler zu ersetzen. Für die drei Jahre der geplanten „Nutzung" des Spielers werden folgende Ein- und Auszahlungen (in Mio. €) prognostiziert:[20]

Zahlungsart	Jahr 1	Jahr 2	Jahr 3
direkt zurechenbare Einzahlungen (z. B. aus Trikotverkauf)	1,6	1,5	1,3
indirekte Einzahlungen (z. B. aus Ticketverkauf)	3,5	3,6	3,6
direkt zurechenbare Auszahlungen (Gehalt)	1,9	1,8	1,73
indirekt zurechenbare Auszahlungen (z. B. Ordnungsdienst am Spieltag)	2,1	1,6	1,7

Zur Finanzierung des Spielers gewährt die Hausbank dem aufnehmenden Bundesligaverein einen Kredit in Höhe der zu zahlenden Ablösesumme zu folgenden Konditionen:

Kreditart	Ratenkredit
Aus- und Rückzahlung	100 %
Laufzeit	3 Jahre
Zinssatz	5 %

Zur Finanzierung etwaiger Liquiditätsengpässe innerhalb der drei Planungsperioden stellt die Hausbank einen Kontokorrentkredit in Höhe von ebenfalls 6,0 Mio. € zur Verfügung. Der Sollzinsfuß für die Inanspruchnahme des Kredits bzw. Teile des Kredits beträgt 10 %.

Bei der Berechnung von Steuerzahlungen/-erstattungen (Ertragssteuermultifaktor = 50 %) sind Abschreibungen zu berücksichtigen.[21] Es ist die lineare Abschreibungsmethode anzuwenden; als Nutzungsdauer gilt die Vertragslaufzeit.[22]

---

[19] Vgl. Schulte, K./Littkemann, J.: Investitionscontrolling, in: Littkemann, J. (Hrsg.), Unternehmenscontrolling, Verlag NWB, Herne/Berlin 2006, S. 628 ff.

[20] Der geplante Transfererlös in Periode 3 ist hierbei nicht enthalten.

[21] Nach einem abschließenden Urteil des Bundesfinanzhofes (BFH) vom 26.08.1992, das einen jahrelangen Rechtsstreit zwischen einem Bundesligaverein und dem Finanzamt beendet hatte, war und ist die Spielerlaubnis als immaterieller Vermögensgegenstand im Sinne eines konzessionsähnlichen Rechts gem. § 266 Abs. 2 A.I.1. HGB zu interpretieren und folglich steuerrechtlich als immaterielles Wirtschaftsgut zu behandeln.

[22] Zur Gewinnermittlung beim Abgang von „Gegenständen" des Anlagevermögens vgl. ausführlich Littkemann, J./Holtrup, M./Schulte, K.: Buchführung, Grundlagen – Übungen – Klausurvorbereitung, 3. Aufl., Wiesbaden 2008, S. 182 ff.

Der aufnehmende Verein steht nun vor der Frage, ob sich der Spielerwechsel – unter der Voraussetzung, dass alle Annahmen eintreffen – aus wirtschaftlicher Sicht lohnt. Stellen Sie zur Beantwortung dieser Frage einen VoFi auf.

Aufgabenteil b) (25 Punkte)

Für ein Investitionsprojekt liegen Ihnen als Controller folgende Daten vor:

Zahlungsfolge der Investition	
Anschaffungsauszahlung	15.250 €
Einzahlungsüberschüsse	
Einzahlungsüberschuss in t = 1	-3.500 €
Einzahlungsüberschuss in t = 2	2.995 €
Einzahlungsüberschuss in t = 3	11.030 €
Einzahlungsüberschuss in t = 4	5.948 €
Einzahlungsüberschuss in t = 5	4.860 €
Eigene Mittel	9.000 €
Kredit mit Endtilgung	
Nominalwert	5.000 €
Sollzinsfuß	6%
Disagio	5%
Laufzeit	2 Jahre
Sollzinsfuß (unbegrenzte Aufnahme)	10%
Habenzinsfuß (risikolos)	8%

Erstellen Sie auf Grundlage der obigen Daten einen VoFi. Steuerliche Aspekte sind aus Vereinfachungsgründen zu vernachlässigen.

Aufgabenteil c) (5 Punkte)

Wie viele Jahre würde die Opportunität benötigen, um den gleichen Endwert wie das Investitionsprojekt am Ende des 5. Jahres zu erzielen?

<u>Berechnungsbeispiel „Logarithmus“:</u>

$$2^x = 8$$

$$\Leftrightarrow x \cdot \lg 2 = \lg 8$$

$$\Leftrightarrow x = \frac{\lg 8}{\lg 2}$$

$$\Leftrightarrow x = 3$$

Aufgabenteil d) (5 Punkte)

Nehmen Sie eine Interpretation der Ergebnisse der Aufgabenteile b) und c) vor. Beziehen Sie auch Risikogesichtspunkte in Ihre Analyse ein. Was könnten Sie als Controller den zuständigen Entscheidungsträgern empfehlen?

Aufgabe 18: Amortisationsrechnung/Entscheidungsbaumverfahren[23]

Aufgabenteil a) (10 Punkte)
Skizzieren Sie die zentralen Aspekte der statischen und der dynamischen Amortisationsrechnung. Benennen Sie dabei insbesondere die Formeln zur Berechnung und die zentralen Prämissen der beiden Verfahren. Machen Sie darüber hinaus Angaben zu den Entscheidungsregeln.

Ein kritischer Vergleich soll an dieser Stelle noch nicht erfolgen (vgl. dazu Aufgabenteil c))!

Aufgabenteil b) (12 Punkte)
Gegeben sind folgende Zahlungsreihen der Investitionsalternativen A und B:

Zahlungsreihe	0	1	2	3	4	5	6
Investitionsalternative A	-5.200	1.568	1.568	1.325	1.325	758	758
Investitionsalternative B	-5.000	2.295	1.728	1.080	1.080	189	189

Berechnen Sie die Kapitalwerte und die jeweilige Pay-off-Periode der beiden Zahlungsreihen nach der dynamischen Amortisationsrechnung. Gehen Sie dabei von einem Kalkulationszinsfuß von 10 % aus. Runden Sie Ihre Ergebnisse auf ganze Zahlen.

Aufgabenteil c) (10 Punkte)
Nehmen Sie eine vergleichende kritische Würdigung der statischen und der dynamischen Amortisationsrechnung vor. Stützen Sie sich dabei auf die in Aufgabenteil a) genannten Aspekte und berücksichtigen Sie die Ergebnisse aus Aufgabenteil b).

Aufgabenteil d) (28 Punkte)
Als zentrale Investitionsobjekte im Profifußball sind nach wie vor die Fußballspieler zu identifizieren. Denn nicht nur der sportliche Erfolg, sondern infolge dessen auch der wirtschaftliche Erfolg ist in erster Linie auf sie zurückzuführen. Als Beispiel für ein solches Investitionsobjekt wird im Folgenden ein realer Fall aus der 1. (deutschen) Bundesliga beschrieben:

[23] Vgl. Schulte, K./Littkemann, J.: Investitionscontrolling, in: Littkemann, J. (Hrsg.), Unternehmenscontrolling, Verlag NWB, Herne/Berlin 2006, S. 597 ff., 625 ff. und 646 ff.

Warum sich Delpierre mit dem neuen Vertrag Zeit lässt.[24]

Drei deutsche Nationalspieler sind weg, sechs ausländische auch. Matthieu Delpierre (25) trainiert in Stuttgart mit dem verbliebenen Rest. Und das, obwohl er nun schon im zweiten Jahr auf hohem Niveau verteidigt und ständig besser wird. Dennoch hatte er bislang noch keinen Kontakt zu Frankreichs Nationaltrainer Raymond Domenech, der in der Equipe Tricolore auf sein WM-Duo Lilian Thuram (35, FC Barcelona) und William Gallas (29, Arsenal) baut. [...] "Matthieu hat sich gegenüber dem Vorjahr sehr gesteigert", sagt Armin Veh, "er ist einer, der führt." Der VfB-Trainer glaubt, dass Delpierre in Deutschland längst Nationalspieler wäre, doch findet er die Überlegung müßig. Veh: "Er ist eben Franzose."

Natürlich möchten die Schwaben mit dem linken Innenverteidiger, dessen aktueller Arbeitsvertrag noch bis 2008 läuft, vorzeitig verlängern.[25] Es laufen längst Gespräche, doch bis es zur Unterzeichnung kommt, kann es sich noch hinziehen. Delpierre: "Es ist für mich ein ganz wichtiger Vertrag." Da muss der ruhige Franzose schon mal ein bisschen länger überlegen. [...] Der Stuttgarter Trainer möchte auf Matthieu Delpierre nicht verzichten. Weder kurz- noch langfristig.

Den Vertrag mit Delpierre hat der VfB Stuttgart mittlerweile bis 2012 verlängert.

Wie hätte sich das Management des Vereins im Jahr 2007 entscheiden müssen, wenn es zuvor den nachfolgend abgebildeten (fiktiven) Entscheidungsbaum korrekt interpretiert hätte? Ermitteln Sie die richtige Entscheidung im Entscheidungsknoten I. mit Hilfe des Rollback-Verfahrens.

---

24 Messerer (2007), in: kicker Sportmagazin, Nr. 25, 22. März 2007, S. 12.

25 Anmerkung: Nur für diesen Fall könnte der VfB Stuttgart in den Folgejahren bei Verkauf des Spielers eine Ablösesumme erzielen. Andernfalls – d. h. nach Ablauf der Vertragslaufzeit – kann der Spieler den Verein ablösefrei verlassen.

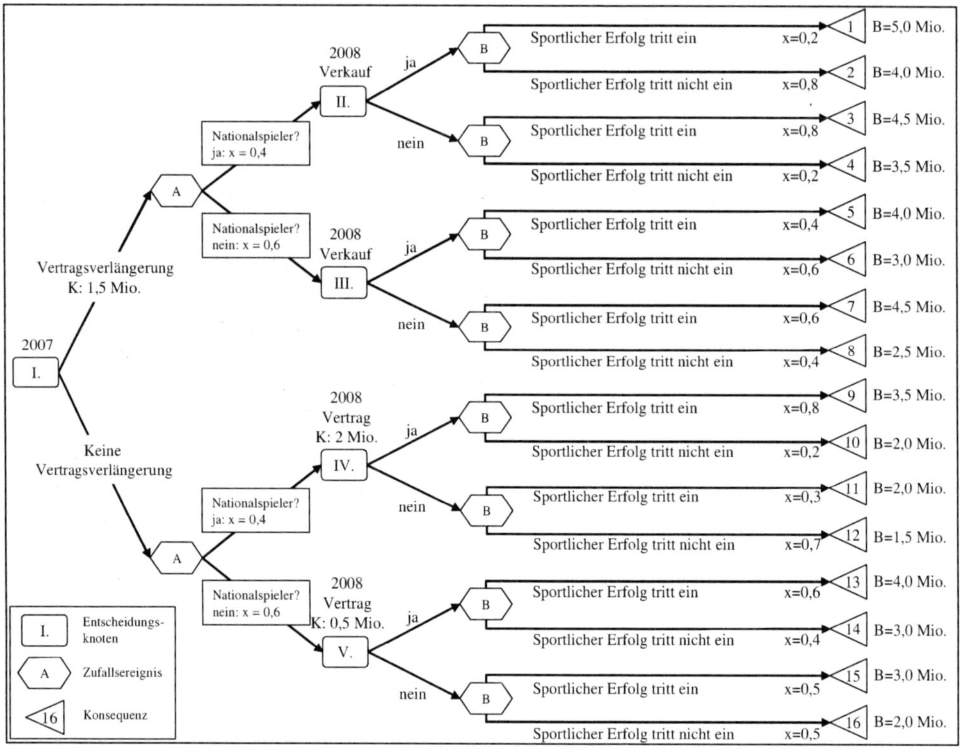

<u>Legende:</u>

K: Auf den Entscheidungsknoten I. abgezinste Kosten (nicht in den Barwerten enthalten!)

B: Auf den Entscheidungsknoten I. abgezinste Barwerte der jeweiligen Konsequenz (etwaige Verkaufserlöse sind in den Barwerten enthalten!)

x: Wahrscheinlichkeit

<u>Erläuterung:</u>

Entscheidungsknoten I.:	Vertragsverlängerung/keine Vertragsverlängerung
Zufallsereignis A.:	Delpierre wird Nationalspieler/Delpierre wird kein Nationalspieler
Entscheidungsknoten II.:	Verkauf des Nationalspielers Delpierre/kein Verkauf
Entscheidungsknoten III.:	Verkauf des Nicht-Nationalspielers Delpierre/kein Verkauf
Entscheidungsknoten IV.:	Neuer Vertrag für den Nationalspieler Delpierre/kein neuer Vertrag
Entscheidungsknoten V.:	Neuer Vertrag für den Nicht-Nationalspieler Delpierre/kein neuer Vertrag
Zufallsereignis B.:	Sportlicher (Mannschafts-)Erfolg tritt ein/Sportlicher (Mannschafts-)Erfolg tritt nicht ein

Schnittstellencontrolling

Aufgabe 19: Target Costing[26]

Die Geschäftsführung der Morgengenuss GmbH hat sich dazu entschlossen, ein Enterprise-Resource-Planning-System (ERP-System) einzuführen. Um dieses optimal nutzen zu können, müssen jedoch neue Computer angeschafft werden, da der Großteil der bisher eingesetzten Computer die strengen Hardwareanforderungen der neuen Software nicht erfüllt. Bei dieser Gelegenheit regte der Leiter der IT-Abteilung an, einheitliche Hardware zu verwenden, um eine leichte Administrierbarkeit des Systems zu gewährleisten. Die Nutzung individuell zusammengestellter Computer soll auf ein Minimum reduziert werden. Der Leiter der IT-Abteilung schätzt, dass von den insgesamt für die Computeranschaffung bereitgestellten 240.000 € nur 10 % für die Individualrechner aufgewendet werden müssen. Darüber hinaus macht er deutlich, dass 6.000 € des Budgets dafür verwendet werden müssen, um die notwendige Infrastruktur für die Computer zu schaffen.

Mit der Wirtschaftlichkeitsrechnung der Anschaffung der Computer wird der Controller der Morgengenuss, Konrad Troller, betraut. Dieser soll sich zudem sowohl um die Einhaltung des Budgets als auch um die Berücksichtigung der Wünsche der Mitarbeiter kümmern. In diesem Zusammenhang waren von den 350 Mitarbeitern, die mit einem Standardrechner ausgestattet werden sollen, immer wieder die selben Wünsche zu hören: Internetzugang, Einfachheit, Schnelligkeit, Portabilität und Design.

Konrad Troller möchte diese Beschaffungskalkulation mit Hilfe des Target Costing lösen. Ihm liegen hierfür zusätzlich die folgenden Informationen vor:

Ergebnisse der Umfrage unter den Mitarbeitern zur Wichtigkeit einzelner Funktionen:

Funktionen		
F1	Internetzugang	4,00%
F2	Medienzugriff	12,00%
F3	Schnelligkeit	16,00%
F4	Portabilität	14,00%
F5	Nutzerfreundlichkeit	20,00%
F6	Design	6,00%
F7	Übersichtlichkeit	16,00%
F8	Zubehörumfang	12,00%

[26] Vgl. Eisenberg, D./Littkemann, J.: Schnittstellencontrolling, in: Littkemann, J. (Hrsg.), Unternehmenscontrolling, Verlag NWB, Herne/Berlin 2006, S. 717 ff.

Ergebnisse der Expertenschätzung zu den Anteilen, die die Komponenten zur Erfüllung der jeweiligen Funktion beitragen:

		F1	F2	F3	F4	F5	F6	F7	F8
K1	**Prozessor**	5%	10%	50%		10%			
K2	**Speicher**	5%		40%		10%			
K3	**Laufwerke**	5%	90%						20%
K4	**Gehäuse**						70%		
K5	**Maus + Tastatur**	5%				30%	15%		20%
K6	**sonstiges Zubehör**	70%		10%	50%		0%	20%	40%
K7	**Monitor**	10%			50%	50%	15%	80%	20%

Angebot des örtlichen Computerhändlers für einen Standardrechner:

Unser Angebot

K.-ID.	**Komponenten**	**Preis**
K1	Prozessor	160,00 €
K2	Speicher	90,00 €
K3	Laufwerke	60,00 €
K4	Gehäuse	70,00 €
K5	Maus + Tastatur	25,00 €
K6	sonstiges Zubehör	105,00 €
K7	Monitor	170,00 €
Summe		**680,00 €**

Angebot gilt bis zum 09.12.

Ihre Frage

Der Kostenanteil des Gehäuses an den Gesamtkosten des Computers beträgt wenigstens 4%.

Anmerkungen der Geschäftsführung:

- Die Funktionen Portabilität (F4) sowie das Design (F6) sind bei der Computerbeschaffung nicht zu berücksichtigen.
- Die Wichtigkeit der Funktionen F5 und F7 wird unterstrichen.
- Anzustreben ist ein Zielkosten/Komponentennutzen-Verhältnis von 1.

Aufgabenteil a) (14 Punkte)
Erläutern Sie kurz die Zielsetzung des Target Costing. Zeigen Sie, ggf. in einem Schaubild, wie die Zielkosten (target costs) bestimmt werden können. Beziehen Sie sich dabei auf das market into company Verfahren. Grenzen Sie die Begriffe target costs, allowable costs und drifting costs voneinander ab.

Aufgabenteil b) (7 Punkte)
Skizzieren Sie stichpunktartig, wie beim Target Costing vorzugehen ist.

Aufgabenteil c) (12 Punkte)
Berechnen Sie auf Grundlage der gegebenen Informationen die Nutzenanteile der Komponenten K1 bis K7.

Aufgabenteil d) (16 Punkte)
Berechnen Sie auf Grundlage der gegebenen Informationen sowohl die absoluten target costs als auch die prozentualen Anteile der target costs an den gesamten target costs pro Rechner. Legen Sie dabei nicht die von Ihnen errechneten Nutzenanteile aus Aufgabenteil c zu Grunde. Unterstellen Sie folgende Nutzenanteile:

	Komponente	Nutzenanteil
K1	Prozessor	15,00%
K2	Speicher	10,00%
K3	Laufwerke	15,00%
K4	Gehäuse	0,00%
K5	Maus + Tastatur	10,00%
K6	sonstiges Zubehör	20,00%
K7	Monitor	30,00%

Aufgabenteil e) (11 Punkte)
Erstellen Sie ein erweitertes Zielkostendiagramm. Deuten sie darin die Zielkostengrenze an, welche auf der Exponentialfunktionen $y=(x^2-q^2)^{0,5}$ bzw. $y=(x^2+q^2)^{0,5}$ mit q=10 % beruht. Geben Sie weiterhin auf Grundlage des erweiterten Zielkostendiagramms Handlungsempfehlungen ab. Legen Sie ihren Ausführungen folgende Werte zu Grunde und gehen Sie davon aus, dass die Zielkosten der Komponenten nicht veränderbar sind:

	Nutzenanteil gesamt	tc-Kostenanteil auf Basis TC [tc(TC)]	dc-Kostenanteil auf Basis DC (dc(DC)]	dc-Kostenanteil auf Basis TC [dc(TC)]
K1	16 %	16 %	19 %	20 %
K2	10 %	10 %	18 %	19 %
K3	14 %	14 %	10 %	11 %
K4	4 %	4 %	4 %	4 %
K5	8 %	8 %	6 %	6 %
K6	20 %	20 %	19 %	20 %
K7	28 %	28 %	26 %	28 %

Aufgabe 20: Prozesskostenrechnung[27]

Aufgabenteil a) (20 Punkte)
Skizzieren Sie das Grundkonzept der Prozesskostenrechnung. Gehen Sie hierbei auch auf den Zusammenhang zwischen Aktivitäten, Teilprozessen und Hauptprozessen sowie lmi- und lmn-Prozessen ein.

Aufgabenteil b) (25 Punkte)
Die XY-AG möchte in einem Teilbereich die Prozesskostenrechnung einführen. Hierfür wurde der Geschäftsbereich „Materiallagerung“ ausgewählt. Die Gesamtkosten in Höhe von 10.000,00 € sollen anhand der benötigten Mitarbeiterstunden verteilt werden.

Ergänzen Sie die nachfolgende Tabelle, indem Sie den lmi-Teilprozesskostensatz, den lmn-Umlagensatz und den lmi/lmn-Teilprozesskostensatz berechnen. Geben Sie kurze Erläuterungen zu Ihren Berechnungen.

Teilprozess	Maßgröße	Maßgrößenmenge	benötigte Zeit in Mitarbeiterstunden	Teilprozesskosten in €	lmi-Teilprozesskostensatz	lmn-Umlagensatz	lmi/lmn-Teilprozesskostensatz
Material annehmen	Anzahl Lieferungen	500,00	57,00				
Material vorsortieren	Anzahl versch. Produkte	3.000,00	195,00				
Material einlagern	Anzahl Ladungen	2.500,00	106,00				
Material auslagern	Anzahl Sendungen	400,00	22,00				
Summe aller lmi Teilprozesse							
Abteilung leiten			39,00				
sonstiges			18,00				
Summe aller lmn Teilprozesse							
Summe aller Teilprozesse				10.000,00			

Aufgabenteil c) (5 Punkte)
Da die Prozesskostenrechnung in dem Bereich „Materiallagerung“ wichtige Erkenntnisse gebracht hat, soll sie in allen Bereichen der XY-AG eingesetzt werden. Der Vorstand schlägt vor, sie auch im Bereich der Geschäftsführung anzuwenden.

Nehmen Sie zu diesem Vorschlag kurz kritisch Stellung.

Aufgabenteil d) (10 Punkte)
Stellen Sie die Stärken und Schwächen der Prozesskostenrechnung im Allgemeinen dar.

27 Vgl. Eisenberg, D./Littkemann, J.: Schnittstellencontrolling, in: Littkemann, J. (Hrsg.), Unternehmenscontrolling, Verlag NWB, Herne/Berlin 2006, S. 747 ff.

Aufgabe 21: Budgetierung/Balanced Scorecard[28]

Der Spielzeughersteller Klicker&Klacker möchte sein Angebot um den Verkauf von Murmeln erweitern. Der Leiter der Controllingabteilung P. Laner wurde beauftragt, einen Budgetplan für das erste Jahr aufzustellen. Zunächst hat er die erforderlichen Daten zusammengetragen:

Beutel	Beutelinhalt	geplanter Absatz in Stück	Verkaufs-preis in €	Fertigstel-lungszeit in Minuten
A	10 kleine grüne Murmeln	1000	2,00	1,0
B	10 kleine gelbe Murmeln	1000	2,00	1,0
C	10 große rote Murmeln	500	4,00	1,0
D	10 große blaue Murmeln	500	4,00	1,0
E	5 rote und 5 blaue Murmeln	1500	4,50	1,5
F	5 gelbe und 5 grüne Murmeln	1500	2,50	1,5
G	5 blaue und 10 gelbe Murmeln	2000	4,00	1,5
H	5 rote und 10 grüne Murmeln	2000	4,00	1,5

Materialeinsatz	Einkaufspreise in €
rote Murmel	0,30
blaue Murmel	0,30
grüne Murmel	0,10
gelbe Murmel	0,10
Beutel A, B und F	0,20
Beutel C, D und E	0,30
Beutel G und H	0,25

Da noch nichts veranlasst wurde, gibt es keine Lagerbestände und auch keine Absatzverpflichtung.
Wegen der Unsicherheit des neuen Geschäfts sollen keine Lagerbestände bestehen bleiben.
Der durchschnittliche Lohnsatz pro Minute beträgt 0,20 €.
Die variablen Fertigungsgemeinkosten betragen 24 € pro Stunde.
Die Miete für den benötigten Arbeitsbereich beträgt 200 € monatlich.
Die monatlichen Energiekosten belaufen sich auf 100 €.
Die Anschaffungskosten für eine robuste Arbeitsplatte betragen 150 €.
Die Anschaffungskosten für ein Aufbewahrungssystem betragen 200 €.
Die anteiligen Lohnkosten für Planung und Buchführung betragen 50 € monatlich.
Für Werbung etc. wird mit monatlich 100 € gerechnet.

28 Vgl. Eisenberg, D./Littkemann, J.: Schnittstellencontrolling, in: Littkemann, J. (Hrsg.), Unternehmenscontrolling, Verlag NWB, Herne/Berlin 2006, S. 690 ff. und S. 768 ff.

Aufgabenteil a) (22 Punkte)
Helfen Sie P. Laner bei der Erledigung seiner Aufgabe, indem Sie aus den gegebenen Daten die folgenden Budgets aufstellen:

- Absatzbudget,
- Produktions- und Lagerplan,
- Materialkostenbudget,
- Beschaffungsbudget,
- Lohnkostenbudget,
- Vertriebs-, Verwaltungs-, F&E- sowie Investitionsbudget und
- Fertigungsbudget.

Aufgabenteil b) (8 Punkte)
Erstellen Sie aus den Einzelplänen schließlich das Ergebnisbudget.

Aufgabenteil c) (9 Punkte)
Skizzieren Sie zunächst überblicksartig die einzelnen Komponenten einer Balanced Scorecard.

Aufgabenteil d) (8 Punkte)
Zu den Erfolgsfaktoren der Balanced Scorecard wird häufig die Darstellung der strategischen Ziele in so genannten Perspektiven gezählt.

- Benennen Sie die Perspektiven der ursprünglichen Modellierung einer Balanced Scorecard nach Kaplan/Norton.
- Formulieren Sie anschließend pro Perspektive eine Frage, mit deren Hilfe sich strategische Zielsetzungen dieser Perspektive ableiten lassen.

Aufgabenteil e) (13 Punkte)
Stellen Sie zunächst allgemeine Stärken und Schwächen des Verfahrens dar. Diskutieren Sie darauf aufbauend die Anwendung von Balanced Scorecards im Innovationskontext.

Innovationscontrolling

Aufgabe 22: Steuerung von Innovationsprojekten[29]

Aufgabenteil a) (6 Punkte)
Innovationsprojekte sind in der Regel schwer steuerbare Vorhaben, die sich über einen langen, meist Periodengrenzen übergreifenden Zeitraum hinziehen. Daher ist zu Beginn eine klare Definition der Ziele des Projektes notwendig.

Konkretisieren und definieren Sie ausgehend von einer allgemeinen Zieldefinition den Begriff Innovationsziel.

Aufgabenteil b) (25 Punkte)
Um eine genaue Zielformulierung und auch eine spätere Kontrolle der Zielerreichung überhaupt zu ermöglichen, ist eine Beschreibung der Projektziele hinsichtlich unterschiedlicher Dimensionen erforderlich. Im Innovationsfall ist dies jedoch aus verschiedenen Gründen nur schwer möglich.

Nennen und erläutern Sie die Zieldimensionen zunächst allgemein und konkretisieren Sie diese anschließend kurz für Innovationsprojekte.

Aufgabenteil c) (4 Punkte)
Nennen Sie die Grenzen der Zielbildung bei Innovationsprojekten.

Aufgabenteil d) (12 Punkte)
In der Literatur findet man eine Vielzahl so genannter relevanter Fähigkeiten, anhand derer man die Auswahl eines Projektleiters zur Führung innovativer Vorhaben vornehmen sollte.

Klassifizieren Sie diese Fähigkeiten und nennen Sie einige Beispiele für jede Kategorie.

Aufgabenteil e) (5 Punkte)
Ein mögliches Risiko für ein innovatives Produkt besteht darin, dass es sich z. B. aufgrund von noch nicht ausgereiften Komponenten als fehleranfällig erweist. Um dieses Risiko zu vermindern, kann man u. a. mit Hilfe der Fehler-Möglichkeits- und Einfluss-Analyse (FMEA) versuchen, mögliche Fehlerquellen aufzudecken und so an den entsprechenden Stellen des Produktes „nachzubessern“.

Beschreiben Sie kurz den Ablauf einer FMEA.

---

29 Vgl. Keim, G./Littkemann, J.: Methoden des Projektmanagements und -controlling, in: Littkemann, J. (Hrsg.), Innovationscontrolling, Verlag Vahlen, München 2005, S. 57 ff.; Fietz, A./Littkemann, J.: Zusammenstellung des Innovationsprojektteams, in: Littkemann, J. (Hrsg.), Innovationscontrolling, Verlag Vahlen, München 2005, S. 179 ff.; Wolff, C./Holtrup, M.: Risikomanagement bei Innovationsprojekten, in: Littkemann, J. (Hrsg.), Innovationscontrolling, Verlag Vahlen, München 2005, S. 310 ff.

Aufgabenteil f) (8 Punkte)
Die Entwicklungsabteilung der Foppes AG hat eine neue Komponente konstruiert, die zukünftig Teil eines bereits bestehenden Produktes des Unternehmens werden soll. Das bestehende Produkt ist sehr ausgereift, jedoch konnten für die neue Komponente vier mögliche Fehler (F-1, F-2, F-3 und F-4) identifiziert werden. Da die Foppes AG am Markt als Hersteller hochwertiger Qualitätsprodukte auftritt, möchte sie möglichst vermeiden, dass fehlerhafte Produkte an die Kunden ausgeliefert werden. Aus diesem Grund werden offensichtlich fehlerhafte Produkte direkt bei der Endkontrolle im Werk aussortiert.

Was die bekannten möglichen Fehler der neuen Komponente angeht, besteht aus Zeitgründen im Moment nur die Möglichkeit, einen dieser Fehler durch Nachbesserung nahezu auszuschließen. Daher will der Controller der Foppes AG mit Hilfe der FMEA den möglichen Fehler ermitteln, der am gravierendsten erscheint.

Folgende Daten konnten ermittelt werden:

Fehler	Auftretenswahrscheinlichkeit	Entdeckungswahrscheinlichkeit	Bedeutungsschwere
F-1	0,15%	5,00%	5
F-2	5,00%	0,60%	4
F-3	11,00%	70,00%	5
F-4	3,00%	10,00%	2

In der Vergangenheit haben sich folgende Wahrscheinlichkeitsintervalle als Grundlage für die Skalenbewertung als geeignet erwiesen.

Wahrscheinlichkeit
0,00%-0,10%
0,11%-0,50%
0,51%-1,50%
1,51%-3,00%
3,01%-5,00%
5,01%-7,00%
7,01%-10,00%
10,01%-15,00%
15,01-30,00%
ab 30,01%

Führen Sie auf Basis der gegebenen Daten und Informationen eine Bewertung mit Hilfe der FMEA durch, indem Sie geeignete Skalenwerte (1-10) für Auftretens- und Entdeckungswahrscheinlichkeiten bestimmen und auf Basis dieser Skalenwerte für jeden der vier möglichen Fehler die Risikoprioritätszahl ermitteln. Welcher der vier möglichen Fehler sollte am dringlichsten näher untersucht werden?

Aufgabe 23: Organisation des Innovationscontrollings[30]

Aufgabenteil a) (16 Punkte)

Entscheidet sich ein Unternehmen generell für die Durchführung von Innovationen, bestehen mehrere inner- und außerbetriebliche Strategien für die Organisation der Innovation. Nennen Sie vier Strategien für die Innovationsorganisation und beschreiben Sie diese kurz.

Aufgabenteil b) (14 Punkte)

Die folgenden Abbildungen zeigen zwei Möglichkeiten der Projektstrukturplanung. Benennen Sie die entsprechenden Strukturregeln und beschreiben Sie diese. Gehen Sie dabei auch auf mögliche Kritikpunkte aus Sicht des Controllings ein.

Abb. 1:

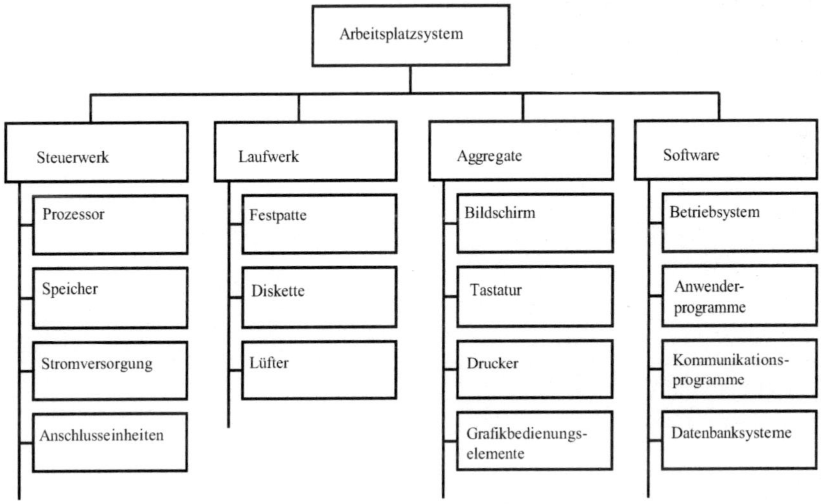

---

30 Vgl. Keim, G./Littkemann, J.: Methoden des Projektmanagements und -controlling, in: Littkemann, J. (Hrsg.), Innovationscontrolling, Verlag Vahlen, München 2005, S. 100 ff.

Abb. 2:

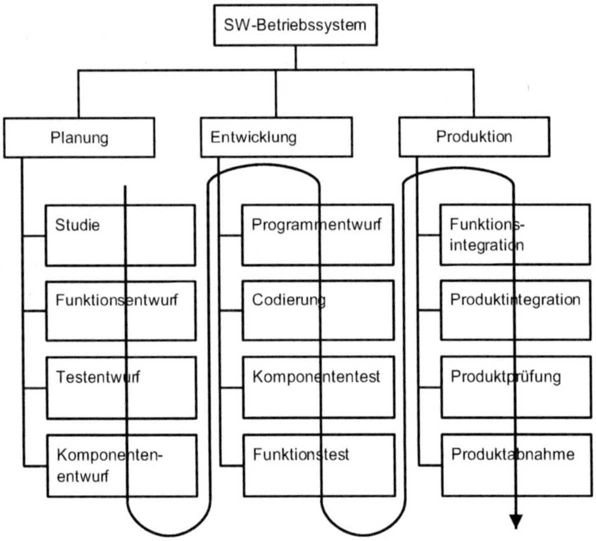

Kreativitätstechniken zur Alternativenentwicklung[31]

Bei der Durchführung innovativer Projekte stößt ein Unternehmen regelmäßig auf Probleme, die nicht ohne weiteres und unmittelbar mit den bekannten Techniken bzw. Vorgehensweisen zu lösen sind. Alternative Lösungen werden benötigt. Verfahren zur Alternativenentwicklung sind unter anderem die so genannten Kreativitätstechniken, wie z. B. das Brainstorming und Brainwriting.

Aufgabenteil c) (25 Punkte)

Vergleichen Sie systematisch in Stichpunkten oder kurzen Sätzen die beiden Kreativitätstechniken Brainstorming und Brainwriting anhand der Kriterien „Vorbereitung", „Verfahrensablauf", „Moderatorenfunktion", „Auswertung", „Zielsetzung" und „Verfahrensbeurteilung".

---

[31] Vgl. Keim, G./Littkemann, J.: Methoden des Projektmanagements und -controlling, in: Littkemann, J. (Hrsg.), Innovationscontrolling, Verlag Vahlen, München 2005, S. 78 ff.

Aufgabenteil d) (5 Punkte)
Die Frage, ob die Alternativensuche bzw. Alternativenentwicklung organisierbar und welche Methode dazu einzusetzen ist, kann nur situationsabhängig beantwortet werden. Vervollständigen Sie die Satzanfänge in der linken Spalte der nachfolgenden Tabelle mit den entsprechenden Teilen in der rechten Spalte (Beispiellösung: G-7, X-9 etc.)!

A	Treten Durchsetzungsprobleme auf, wird man…	1	…keine Prozesse wählen, die mit Zeitdruck verbunden sind.
B	In der festgefahrenen Situation wird man…	2	…systematische Frageraster vorbereiten müssen. Methoden, die nur Einzelinformationen liefern, sind in dieser Situation uneffektiv.
C	In der Schlussphase des Innovationsprozesses wird man…	3	…zur Anwendung intuitiver Methoden raten.
D	Wenn komplexe Informationen zu verarbeiten sind, wird man…	4	…zur Anwendung analytischer Methoden raten.
E	Wenn viele Informationen zu beschaffen sind, wird man…	5	…interaktive Ansätze den individuellen vorziehen.

Aufgabe 24: Innovationscontrolling bei der Sensora GmbH[32]

Die Sensora GmbH entwickelt und vertreibt Instrumente und Systeme für Meteorologie, Umweltschutz und neuerdings Ozeanographie. Die wirtschaftliche Lage des mittelständischen Unternehmens hat sich in den letzten Jahren dramatisch verschlechtert. Eine externe Analyse kommt zu dem Ergebnis, dass die Probleme der Unternehmung vor allem im Innovationscontrolling liegen. Insbesondere würde das Unternehmen die parallele Entwicklung zu vieler Produkte mit einem zu hohen Innovationsgrad durchführen.

Ein besonderer Misserfolg war die Entwicklung einer neuen Generation eines elektronischen ‚Tiefsee-Thermometers 10KUN' (10.000 METER UNTER NULL), u. a. mit folgenden, technologisch teilweise völlig neuartigen Eigenschaften: bis zu 16 Messungen, digitale Anzeige mit statistischen Auswertungsfunktionen, einsetzbar in größter Tiefe, maximales Temperaturspektrum und vergleichbare Abmessungen wie herkömmliche Quecksilberthermometer. Immer wieder traten unvorhergesehene technische Schwierigkeiten auf, die zu massiven Überschreitungen der Kosten- und Zeitvorgaben führten. Auch nach dem Einsatz des speziellen Projektteams ‚10KUNABER' unter dem renommiertesten Analytiker der Entwicklungsabteilung, Herrn Vertikal, geriet der Entwicklungsprozess häufig ins Stocken. Die Abstimmung zwischen Projektteam und der Controlling-Abteilung war äußerst problembehaftet. Schließlich konnte sich das Produkt nach der verspäteten Fertigstellung auch am Markt nicht durchsetzen, da der Aufbau von dauerhaften Geschäftsbeziehungen zu der begrenzten Abnehmergruppe weitgehend fehlschlug.

Aufgabenteil a) (15 Punkte)
Was versteht man unter dem Innovationsgrad? Wie kann man diesen auf Basis von Checklisten bestimmen? Skizzieren Sie kurz eine Beispielcheckliste für die Sensora GmbH. Inwieweit könnte eine Checkliste der Sensora GmbH in ihrer derzeitigen Situation helfen?

Aufgabenteil b) (15 Punkte)
Im Rahmen der Entwicklung von Innovationen kommt den so genannten Kreativitätstechniken eine besondere Bedeutung zu. Ordnen Sie die Technik des Brainstormings kurz in das Spektrum der Kreativitätstechniken ein und stellen Sie die grundlegenden Charakteristika des Brainstormings vor. Würden Sie der Sensora GmbH den Einsatz des Brainstormings im Rahmen ihrer Innovationstätigkeit empfehlen?

Aufgabenteil c) (18 Punkte)
Die Sensora GmbH plant zukünftig Instrumente aus dem innerbetrieblichen Rechnungswesen zur Innovationsabrechnung einzusetzen, um die Innovationsprozesse effizienter steuern zu können. Erläutern Sie den konzeptionellen Aufbau einer problemadäquaten Innovationsabrechnung. Skizzieren Sie grob, wie eine Innovationsergebnisrechnung für die Entwicklung des ‚Tiefsee-Thermometers 10KUN' hätte aussehen können.

---

32 Vgl. Littkemann, J.: Einführung in das Innovationscontrolling, in: Littkemann, J. (Hrsg.), Innovationscontrolling, Verlag Vahlen, München 2005, S. 5 ff. sowie Keim, G./Littkemann, J.: Methoden des Projektmanagements und -controlling, in: Littkemann, J. (Hrsg.), Innovationscontrolling, Verlag Vahlen, München 2005, S. 60 ff.

Aufgabenteil d) (12 Punkte)
Das Scheitern des Innovationsprojektes ‚10KUN' wird nicht zuletzt darauf zurückgeführt, dass dem für die Entwicklung zuständigen Projektteam ‚10KUNABER' unter der Leitung des Herrn Vertikal zu wenig eigene Handlungsspielräume hinsichtlich des Innovationscontrollings eingeräumt wurden. Erörtern Sie vor diesem Hintergrund mögliche personen-, projekt- und systembezogene Faktoren zur Förderung des Selbstcontrollings im Rahmen der Innovationstätigkeit der Sensora GmbH.

Konzerncontrolling

Aufgabe 25: Organisation des Konzerncontrollings[33]

Die Morgengenuss AG, deren Hauptgeschäftstätigkeit in der Produktion und dem Absatz traditioneller Kaffeemaschinen und -vollautomaten liegt, hat mehrere rechtlich selbständige Tochterunternehmen (TU): die beiden ursprünglichen Divisionen – heute: MoGe Consumer AG und MoGe Gastro AG – sowie einige in der Vergangenheit akquirierte Zulieferbetriebe (Beteiligungsquote jeweils 100 %). Diese liegen alle in Deutschland oder im nahen europäischen Ausland. Der Konzern wird als Management Holding geführt. Das Konzerncontrolling ist dabei nach dem Dotted-Line-Prinzip organisiert, die lokalen Controller der einzelnen TU unterstehen disziplinarisch der Leitung der TU, fachlich aber dem Zentralcontrolling. Dabei ist das Konzerncontrolling im Wesentlichen auf die Befriedigung zentraler Informationsbedürfnisse zur Steuerung des Konzerns ausgerichtet. Daher werden die in diesem Zusammenhang verwendeten Controllinginstrumente in allen Beteiligungen in gleicher Weise implementiert, sodass alle lokalen Controllingeinheiten in „einer Sprache" berichten. Es hat sich dabei in der Vergangenheit für die Morgengenuss AG als überwiegend positiv herausgestellt, wenn sie in neu erworbenen TU nicht zu stark in die Controllingbereiche eingreift. Vor allem werden die Leitungspositionen in diesen Abteilungen nicht ausgetauscht, da dies eine gewisse lokale Kenntnis der Strukturen und Gegebenheiten gewährleistet. Allerdings werden alle TU von Konrad Troller (Finanzvorstand und damit auch leitender Konzerncontroller) mindestens einmal alle zwei Jahre besucht und es finden regelmäßig Controllermeetings zum gegenseitigen Austausch, zur Abstimmung und nicht zuletzt auch zum Kennenlernen statt.

Zur Abrundung des Beteiligungsportfolios wird derzeit die Akquisition eines weiteren Unternehmens betrieben: Das Zielobjekt ist die Aromamühle AG, ein Hersteller von Kaffeemühlen sowie Mahlwerken, unter anderem für Kaffeevollautomaten. Diese haben sich als Bauteile der Morgengenuss-Maschinen seit Jahren bewährt. Von seiner Produktpalette und seiner wirtschaftlichen Lage her würde das Unternehmen die Morgengenuss AG perfekt ergänzen. Daher überlegt das Topmanagement der Morgengenuss AG (Vorstandsvorsitzende ist Jenny Fair) derzeit, ob der Akquisitionsprozess mit dem Kauf abgeschlossen werden soll.

Die Aromamühle AG ist ein mittelständisches Unternehmen mit 150 Mitarbeitern in Deutschland, die in der Verwaltung, der Forschung- und Entwicklung, der Fertigung und im Vertrieb tätig sind. Zwei Zweigstellen im Ausland dienen der Herstellung von Vorprodukten und dem Vertrieb der Produkte auf den lukrativsten Auslandsmärkten der Aromamühle AG. Eine der Zweigstellen liegt in Rumänien (100 Mitarbeiter), ist der Hauptproduktionsstandort für Vorprodukte und vertreibt die Aromamühle-Produkte auf dem osteuropäischen Markt, inklusive Russland. Eine weitere Vertriebszweigstelle liegt in Japan (20 Mitarbeiter), um den asiatischen Markt zu bearbeiten.

---

33 Vgl. Littkemann, J.: Managementorientierte Ausrichtung des Beteiligungscontrollings, in: Littkemann, J. (Hrsg.), Beteiligungscontrolling 1, Verlag NWB, Herne/Berlin 2008.

Die Aromamühle AG ist Eigentum von drei wesentlichen Eigentümergruppen: Der 60jährige Firmengründer Max Meier besitzt 40 % der Anteile und leitet das Unternehmen als Vorstandsvorsitzender. Die beiden Unternehmer Karl Heinz und Thomas Mann besitzen jeweils 25 % der Anteile, haben aber keinen bedeutenden Anteil an der Führung der Unternehmung. Sie sind jedoch im Aufsichtsrat vertreten. Die beiden letztgenannten sind mit Max Meier befreundet und haben ihm vor Jahren als Geldgeber zunächst die Gründung erleichtert und dann den weiteren Ausbau der Unternehmung ermöglicht. Beide betreiben auch eigene Unternehmen, aber in anderen Branchen. Als dritte Gruppe halten einzelne Mitglieder der Familie Meier 10 % der Aktien. Die Aktien der Gesellschaft werden somit nicht an einer Börse gehandelt.

Karl Heinz und Thomas Mann verhandeln derzeit mit der Morgengenuss AG über den vollständigen Verkauf ihrer Anteile, da sie aus Altersgründen aus der Aromamühle AG aussteigen wollen. Diese Verkaufsoption ist mit Max Meier abgestimmt und liegt in seinem Interesse – verbindet ihn doch auch eine langjährige (Geschäfts-)Freundschaft mit Franz Fair, dem Gründer der Morgengenuss AG.

Aufgabenteil a) (10 Punkte)
Beschreiben Sie kurz theoretisch die Organisationsform der Morgengenuss AG und grenzen Sie diese von anderen Konzernorganisationsformen ab. Gehen Sie dabei auch kurz auf die Bedeutung der Konzernorganisationsform für das Konzerncontrolling ein.

Aufgabenteil b) (15 Punkte)
Zwei Controlling-Konzeptionen bzw. -Philosophien bieten sich grundsätzlich für das Konzerncontrolling an, die differenzierte und die standardisierte. Erläutern Sie beide stichpunktartig.

Aufgabenteil c) (5 Punkte)
Im oben geschilderten Fall wird unter anderem die Konzerncontrollingphilosophie der Morgengenuss AG beschrieben. Welcher der beiden Philosophien folgt die Morgengenuss AG und woran lässt sich dies festmachen?

Aufgabenteil d) (15 Punkte)
Im oben geschilderten Fall wird bezogen auf die Aromamühle AG eine Reihe von beteiligungsspezifischen Kontextfaktoren angesprochen. Nennen und charakterisieren Sie diese kurz allgemein hinsichtlich Ihres Einflusses auf das Konzerncontrolling.

Aufgabenteil e) (15 Punkte)
Diskutieren Sie stichpunktartig, wie sich die in Aufgabenteil d) genannten Kontextfaktoren in diesem speziellen Fall auf das Konzerncontrolling der Morgengenuss AG auswirken, wenn der Kauf vollzogen würde.

Aufgabe 26: Kapitalrendite/Unternehmensbewertung[34]

Aufgabenteil a) (10 Punkte)

Grenzen Sie jahresabschlussorientierte und cash flow-orientierte Kapitalrenditen voneinander ab, indem Sie jeweils eine Kennzahl definieren und ihre Bestandteile erläutern und vergleichen.

Aufgabenteil b) (15 Punkte)

Ihnen sind für die Morgengenuss AG folgende Daten gegeben:

Aktiva			Passiva
Anlagevermögen		**Eigenkapital**	
Immaterielles Vermögen	200	Gezeichnetes Kapital	250
Sachanlagen	930	Rücklagen	400
Finanzanlagen	150	**Rückstellungen**	
Umlaufvermögen		Pensionsrückstellungen	320
Vorräte	310	Sonst. Rückstellungen	140
Forderungen	250	**Verbindlichkeiten**	
Liquide Mittel	140	Bankkredite	440
		Verbindlichkeiten aus LuL	370
RAP Aktiv	20	RAP passiv	80

GuV	
Umsatzerlöse	5.350
Bestandsänderungen	99
sonstige betriebliche Erträge	345
Materialaufwand	-3.565
Personalaufwand	-1.415
Abschreibungen	-110
sonstiger betrieblicher Aufwand	-380
Betriebsergebnis	324
Zinsertrag	20
Zinsaufwand	-44
Finanzergebnis	-24
Ergebnis der gewöhnlichen Geschäftstätigkeit	300
Steuern vom Einkommen und Ertrag	-120
Jahresüberschuss	180

---

34 Vgl. Littkemann, J.: Rentabilitätsanalysen zur Steuerung von Beteiligungen, in: Littkemann, J. (Hrsg.), Beteiligungscontrolling 1, Verlag NWB, Herne/Berlin 2008.

- Die kumulierten Abschreibungen des Anlagevermögens betragen 1.000
- Auf Grund und Boden entfallen Anschaffungskosten von 200
- Der Restwert des abnutzbaren Anlagevermögens beträgt 80
- Die durchschnittliche Nutzungsdauer beträgt 10 Jahre
- Der Zinssatz beträgt 7 %

Berechnen Sie den Cash Flow Return on Investment (CFROI). Geben Sie dabei auch Ihre Berechnungsschritte an.

Aufgabenteil c) (10 Punkte)
Erläutern Sie die Grundgedanken der wertorientierten Unternehmensführung und stellen Sie kurz den Shareholder Value-Ansatz dar.

Aufgabenteil d) (25 Punkte)
Von der Aromamühle AG sind Ihnen folgende Plandaten gegeben:

	t_1	t_2	t_3	ab t_4
Jahresergebnis	125	90	116	113
Zinsaufwendungen	20	30	20	10
Veränderung Rückstellungen	15	5	-10	0
Veränderung Forderungsbestand	18	-17	15	0
Abschreibungen	30	30	25	25
Veränderung Lieferantenverbindlichkeiten	34	-13	-15	0

- Jedes Jahr werden Ersatzinvestitionen in Höhe der Abschreibungen getätigt
- Es wird ein im Zeitablauf konstanter Verschuldungsgrad von 150 % angenommen
- Der Unternehmenssteuersatz beträgt 30 %
- Persönliche Steuern auf Ebene der Anteilseigner sollen nicht berücksichtigt werden
- Der Fremdkapitalzinssatz beträgt 5 %
- Die geforderte Eigenkapitalrendite beträgt 11 %
- Der Marktwert des Fremdkapitals beträgt 630
- Der operative Einzahlungsüberschuss wird vollständig als Dividendenzahlung ausgeschüttet

Berechnen Sie mit Hilfe der Ausgangsdaten den Unternehmenswert zum 31.12.t_0 mittels WACC-Ansatz. Welchen Kaufpreis sollte ein Unternehmen zahlen, das 50 % der Anteile erwerben möchte?

Aufgabe 27: Rentabilitätsanalysen[35]

Die Geschäftsleitung der Morgengenuss GmbH möchte die wirtschaftliche Lage der A-GmbH, an der sie zu 100 % beteiligt ist, eingehend prüfen. Hierfür soll Konrad Troller, der Controller der Morgengenuss GmbH, die folgenden Jahresabschlussdaten der A-GmbH bilanzanalytisch aufbereiten:

GuV	t_0	t_{-1}
Umsatzerlöse	10.000	10.800
Bestandsänderungen	1.500	1.000
andere aktivierte Eigenleistungen	40	4
sonstige betriebliche Erträge	30	40
Materialaufwand	-3.000	-2.900
Löhne und Gehälter	-4.500	-4.300
Soziale Abgaben und Aufwendungen für Altersvorsorge und Unterstützung	-1.470	-1.430
Abschreibungen	-450	-600
sonstiger betrieblicher Aufwand	-390	-550
Betriebsergebnis	1.760	2.064
sonstige Zinsen und ähnliche Erträge	15	15
Zinsen und ähnliche Aufwendungen	-430	-440
Finanzergebnis	-415	-425
Ergebnis der gewöhnlichen Geschäftstätigkeit	1.345	1.639
Steuern vom Einkommen und Ertrag	-538	-656
sonstige Steuern	-500	-510
Jahresüberschuss	307	473
Gewinnvortrag aus dem letzten Jahr	0	0
Entnahme aus der Rücklage für eigene Anteile	0	0
Einstellung in die Gewinnrücklagen	-200	-300
Bilanzgewinn	107	173

Weitere Angaben	t_{-1}
Eigenkapital	6.000
Fremdkapital	4.000
- davon verzinslich	2.000
- davon unverzinslich	2.000
Bilanzsumme	10.000

Aufgabenteil a) (40 Punkte)

Erstellen Sie eine Erfolgsanalyse für die A-GmbH im Zeitvergleich, wobei t_0 als Analyse- und t_{-1} als Vergleichsjahr anzusehen ist. Ermitteln Sie nach dem Konzept der Erfolgsspaltung die maßgebenden Erfolgsquellen und Erfolgsverwendungsarten. Berechnen Sie für die einzelnen Erfolgsfelder sowohl die absoluten Werte für t_0 als auch die Veränderungsraten von t_0 gegenüber t_{-1}. Diskutieren Sie anschließend Ihre Ergebnisse im Hinblick auf die wirtschaftliche Lage der A-GmbH. Welche Controllingmaßnahmen lassen sich daraus ggf. für die Zukunft ableiten?

[35] Vgl. Littkemann, J.: Rentabilitätsanalysen zur Steuerung von Beteiligungen, in: Littkemann, J. (Hrsg.), Beteiligungscontrolling 1, Verlag NWB, Herne/Berlin 2008.

Aufgabenteil b) (20 Punkte)
Troller möchte seine Erfolgsanalyse um ausgewählte Rentabilitätskennzahlen ergänzen. Definieren und berechnen Sie auf Grundlage der oben angegeben Daten folgende Kennzahlen für das Analysejahr t_0 der A-GmbH:

- Umsatzrendite,
- Eigenkapitalrendite vor Steuern,
- Gesamtkapitalrendite vor Steuern und Zinsen sowie
- Return on Capital Employed.

Erläutern Sie die Stärken und Schwächen des Einsatzes der genannten Rentabilitätskennzahlen im Konzerncontrolling. Stellen Sie heraus, was speziell bei der Umsatzrendite zu beachten ist. Unter welchen Voraussetzungen helfen die errechneten Werte bei der Beurteilung der wirtschaftlichen Lage der A-GmbH?

Aufgabe 28: Kennzahlen und Kontextfaktoren[36]

Aufgabenteil a) (15 Punkte)
Nennen Sie fünf beteiligungsspezifische Kontextfaktoren und jeweils zwei Indikatoren zu deren Messung.

Aufgabenteil b) (15 Punkte)
Beschreiben Sie die von Ihnen in Aufgabenteil a) genannten fünf beteiligungsspezifischen Kontextfaktoren durch je zwei für das Konzerncontrolling charakteristische Faktoren.

Aufgabenteil c) (10 Punkte)
Ihnen sind folgende Daten gegeben:

Aktiva			Passiva
Anlagevermögen		Eigenkapital	
Immaterielles Vermögen	160	Gezeichnetes Kapital	250
Sachanlagen	430	Rücklagen	180
Finanzanlagen	30		
Umlaufvermögen		Fremdkapital	
Vorräte	280	Pensionsrückstellungen	200
Forderungen	320	Sonst. Rückstellungen	140
Liquide Mittel	60	Bankkredite	350
		Verbindlichkeiten aus LuL	150
RAP Aktiv	20	RAP passiv	30

GuV	
Umsatzerlöse	4.135
Bestandsänderungen	289
sonstige betriebliche Erträge	226
Materialaufwand	-3.443
Personalaufwand	-768
Abschreibungen	-138
sonstiger betrieblicher Aufwand	-206
Betriebsergebnis	95
Zinsertrag	10
Zinsaufwand	-35
Finanzergebnis	-25
Ergebnis der gewöhnlichen Geschäftstätigkeit	70
Steuern vom Einkommen und Ertrag	-28
Jahresüberschuss	42

---

36 Vgl. Littkemann, J.: Managementorientierte Ausrichtung des Beteiligungscontrollings, in: Littkemann, J. (Hrsg.), Beteiligungscontrolling 1, Verlag NWB, Herne/Berlin 2008; Littkemann, J.: Rentabilitätsanalysen zur Steuerung von Beteiligungen, in: Littkemann, J. (Hrsg.), Beteiligungscontrolling 1, Verlag NWB, Herne/Berlin 2008.

- Die Finanzanlagen sind dem betrieblichen Bereich zuzuordnen.
- Das Unternehmen unterliegt einem einheitlichen Steuersatz.
- Der Zinsaufwand enthält auch den Zinsanteil der Zuführung zu den Pensionsrückstellungen.
- Der Kapitalkostensatz nach Steuern (WACC) beträgt 7 %.

Berechnen Sie auf Grundlage der obigen Daten die folgenden Kennzahlen und skizzieren Sie kurz deren Aussagegehalt:

- Return on Sales (ROS),
- Return on Equity (ROE),
- Return on Investment (ROI) und
- Return on Assets (ROA).

Aufgabenteil d) (6 Punkte)
Berechnen Sie auf Grundlage der Daten aus Aufgabenteil c) den Return on Capital Employed (ROCE).

Aufgabenteil e) (8 Punkte)
Berechnen Sie auf Grundlage der Daten aus Aufgabenteil c) den Economic Value Added (EVA) und Stewart's r.

Aufgabenteil f) (6 Punkte)
Ermitteln Sie die Renditeforderung der Eigenkapitalgeber für die A-GmbH. Diese dient der Ermittlung des Unternehmenswertes nach dem Entity-Ansatz. Unterstellen Sie dabei, dass die Eigenkapitalgeber auf das durch einen steigenden Verschuldungsgrad (V) zunehmende Kapitalstrukturrisiko reagieren (Bruttogewinn-Ansatz). Zwischen dem unlevered ($ß_u$) und leverd beta ($ß_l$) besteht folgender Zusammenhang:

$$ß_l = ß_u \cdot (1 + (1 - s) \cdot V)$$

Da die A-GmbH nicht börsennotiert ist, sind zur Ermittlung der Renditeforderung die Daten der folgenden Unternehmen zu verwenden. Sie bilden die zur Berechnung der Renditeforderung der Eigenkapitalgeber notwendige Vergleichgruppe. Zu jedem Unternehmen dieser Gruppe sind neben dem unlevered beta und dem levered beta der Verschuldungsgrad (V) und der Steuersatz (s) verzeichnet. Durchschnittswerte sind mit Hilfe des arithmetischen Mittels zu berechnen.

Zusätzlich liegen für die Berechnung folgende Daten der A-GmbH vor:

Unternehmen	levered Beta	V	s	unlevered Beta
Heißer Kaffe	0,50	0,1	40%	0,47
Schwarzmacher	0,90	0,5	30%	0,67
Lecker & Lecker	1,20	1,4	10%	0,53
Genuss pur	1,10	1,3	15%	0,52
Edelschwarz	0,70	1,3	30%	0,37
Kräftiger Geschmak	0,50	0,6	25%	0,34
Schnellbrüher	0,20	0,3	15%	0,16
Domokaffee	1,20	0,4	30%	0,94

Aufgabe 29: Risikocontrolling[37] [38]

Aufgabenteil a) (15 Punkte)
Skizzieren Sie (verbal oder grafisch) kurz den Ablauf eines typischen Risikomanagement-Prozesses und stellen Sie stichpunktartig den Inhalt der einzelnen Prozessphasen dar!

Aufgabenteil b) (9 Punkte)
Methoden und Instrumente zur Risikoaggregation lassen sich unter Anderem nach den Kriterien „Bottom up"/„Top down" sowie „Qualitativ"/„Quantitativ" systematisieren. Nennen Sie zu jeder der 4 Kategorien jeweils 3 Beispiele und ordnen Sie diese richtig ein! Eine Erläuterung ist nicht notwendig.

Aufgabenteil c) (6 Punkte)
In einem Unternehmen seien zwei voneinander unabhängige Risiken A und B identifiziert worden. Risiko A habe eine Eintrittswahrscheinlichkeit von 10 % p. a. und verursache im Falle des Eintritts einen Schaden in Höhe von 50.000 €. Risiko B habe eine Eintrittswahrscheinlichkeit von 2 % p. a. und verursache im Falle des Eintritts einen Schaden in Höhe von 250.000 €.

Nehmen Sie kurz zu folgender Aussage kritisch Stellung: „Da die Risiken A und B den gleichen Schadenserwartungswert aufweisen, bedrohen sie den Bestand des Unternehmens in gleichem Maße!"

---

37 Vgl. Fietz, A.: Risikocontrolling, in: Littkemann, J. (Hrsg.), Unternehmenscontrolling, Verlag NWB, Herne/Berlin 2006, S. 801 ff.

38 Aufgabe 29 hat einen Umfang von lediglich 30 Punkten; dies entspricht einer Bearbeitungszeit von 30 Minuten.

Teil II: Lösungsskizzen

Konzeption des Controllings

Aufgabe 1: Behavioral Accounting/Organigramme

Aufgabenteil a) (10 Punkte)
Das Grundmodell des Kontingenzansatzes des Behavioral Accounting enthält die folgenden Elemente:

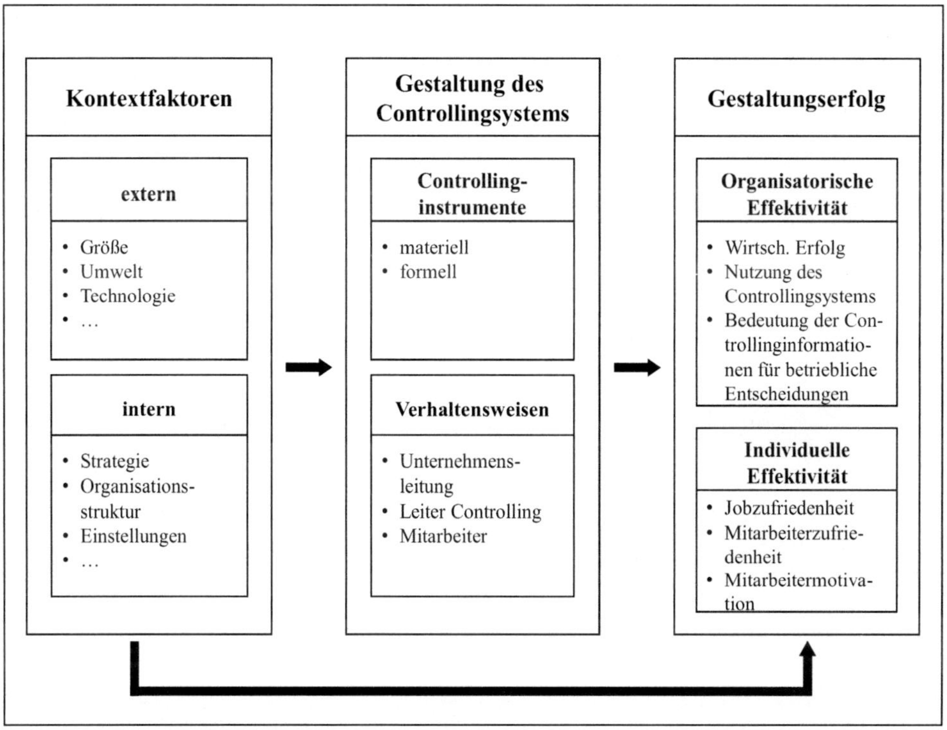

Aufgabenteil b) (20 Punkte)
(externer) Kontextfaktor Unternehmensgröße:

- Einfluss auf die formale Ausrichtung des Controllingsystems.
- Unternehmensgröße wird zumeist durch die Mitarbeiterzahl gemessen.
- Mit zunehmender Größe steigt der Koordinationsaufwand.
- Dies schlägt sich in erster Linie in einem wachsenden Formalisierungsgrad nieder, der auch seinen Niederschlag im Controllingsystem findet.
- Beispiel: Standardisiertes Berichtswesen in Großunternehmen, „Fallweises" Berichtswesen in Kleinunternehmen.

(externer) Kontextfaktor Umwelt:

- Controllingsysteme sind bei hoher Umweltunsicherheit stärker flexibel und personenorientiert sowie schwächer formalisiert und rechnungswesenorientiert aufgebaut.
- Andererseits ist es aber gerade jene Ungewissheitssituation, die dazu führt, dass man „genau" durchrechnet und sogar mehrere Alternativplanungen erstellt, um auf verschiedenartige Entwicklungen in der Zukunft möglichst schnell reagieren zu können.
- Beispiel: Hoher Wettbewerbsdruck führt dazu, dass die Zeit fehlt, alle betriebsnotwendigen Tätigkeiten sorgfältig zu planen und durchzuführen. Zudem fehlt das Vertrauen in die quantitativ orientierten Planungsrechnungen in einer starken Ungewissheitssituation.

(interner) Kontextfaktor Organisationsstruktur:

- Je stärker die Entscheidungsgewalt zentriert ist, desto weniger stark ist das Controllingsystem ausgebaut.
- Neben dem Leiter Controlling hat die Unternehmensleitung einen zentralen Einfluss auf die Gestaltung des Controllingsystems.
- Beispiel: Trifft die Unternehmensleitung die Mehrzahl der betrieblichen Entscheidungen selbst und ist demzufolge der Delegationsgrad niedrig, ist das Controllingsystem in der Regel lediglich rudimentär ausgestaltet. In Unternehmen hingegen, deren Entscheidungsprozesse dezentral organisiert sind, wird das Controllingsystem vermehrt als Steuerungsinstrument eingesetzt.

(interner) Kontextfaktor Unternehmensstrategie:

- Unternehmen, die eine aktive Wettbewerbspolitik betreiben, nutzen ihr Controllingsystem wesentlich intensiver als Unternehmen, die sich eher passiv im Wettbewerb verhalten.
- Hierbei steht ein zukunftsorientiertes, flexibel gestaltetes Controllingsystem im Vordergrund der Informationslieferung.
- Wettbewerbspassive Unternehmen zeichnen sich durch ein eher bürokratisch aufgebautes Controllingsystem aus, welches stark standardisiert und nur selten grundlegenden Änderungen unterworfen ist.
- Beispiel: Abhängigkeit von wirtschaftlichen Zielsetzungen: Schnell wachsende Unternehmen stimmen ihr Controllingsystem auf die Erreichung kurzfristiger, stark wirtschaftlich orientierter Zielsetzungen ab.

Aufgabenteil c) (19,5 Punkte)

Auszug aus dem Organigramm der Wella AG (April t_1)

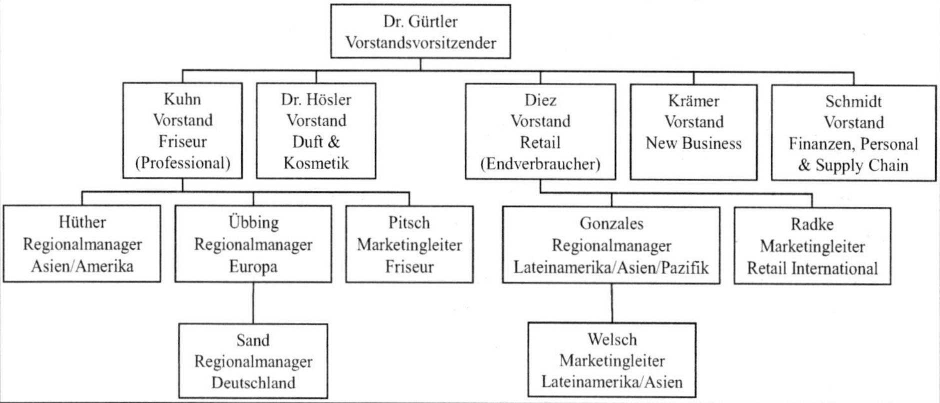

Aufgabenteil d) (10,5 Punkte)

Kennzeichen für eine Hierarchie ist, dass wenigstens ein Vorgesetzter und wenigstens ein Untergebener existieren, die durch eine „Linie", den sog. Kommunikations- oder Dienstweg, miteinander verbunden sind. In einem Unternehmen existiert üblicherweise ein ganzes Bündel derartiger Linienverbindungen (Ein- vs. Mehr-Liniensysteme), wobei die nicht an der Unternehmensspitze sowie auf der untersten Stufe beheimateten Stelleninhaber sowohl als Vorgesetzte (nach unten) als auch als Untergebene (nach oben) wirken. Dabei können einem Vorgesetzten einerseits mehrere Untergebene zugeordnet werden, andererseits kann ein Untergebener auch mehrere Vorgesetzte haben. Die Hierarchie im gesamten Unternehmen zeigt die Zuständigkeit, die Kompetenz und das Gefüge von Zuständigkeiten zwischen den Mitarbeitern untereinander. Sie wird auch als Aufbauorganisation oder Gebildestruktur bezeichnet. Die Zahl der Hierarchiestufen wird als Gliederungstiefe und die Zahl der Untergebenen, die einem Vorgesetzten zugeordnet sind, wird als Leitungsspanne bezeichnet.

In Organigrammen kommen üblicherweise folgende Angaben zum Ausdruck:

- Die Art der Spezialisierung in der Unternehmensspitze als größte organisatorische Einheit,
- der Umfang der Abteilungsspezialisierung und der Stellenspezialisierung nach Verrichtungen (funktional) und/oder nach Objekten (divisional),
- die Struktur der generellen Weisungsbefugnisse und Verantwortungsbereiche im Unternehmen,
- die Gliederungstiefe, die Leitungsspannen und die Relationen zwischen verschiedenen Arten von Stellen.

Aufgabe 2: Planungs- und Kontrolltätigkeiten/Interdependenzen

Aufgabenteil a) (15 Punkte)

Folgende Aufgaben übernimmt das Controlling im Rahmen der Planungs- und Kontrolltätigkeiten:

Bestandteile des Planungssystems
Strategisches Planungssystem
Planung/Formulierung strategischer Ziele
Instrumente der strategischen Unternehmensanalyse (Analyse der Grundposition eines Unternehmens, Analyse der Wertkette, Analyse der Geschäftsfelder/SGF)
Instrumente der strategischen Umfeldanalyse (Branchen- und Wettbewerbsanalyse)
Strategieentwicklung auf Unternehmens- und Geschäftsfeldebene und auf der Ebene der Funktion (Wahl der strategischen Grundposition, Gestaltung des Geschäftsportofolios, Gestaltung der Wertkette)
Strategiebewertung bzw. Quantifizierung von Strategiealternativen
Strategische Budgetierung und Maßnahmeplanung
Operatives Planungssystem
Mittelfristige Sachzielplanung (Absatz-, Beschaffungs-, Produktionsplanung etc.)
Mittelfristige Formalzielplanung (Leistungs-, Kosten- und Finanzbudgetierung)
Kurzfristige Sachzielplanung (Absatz-, Beschaffungs-, Produktionsplanung etc.)
Kurzfristige Formalzielplanung (Leistungs-, Kosten- und Finanzbudgetierung)
Budgetierungsverfahren
Operative Planungsinstrumente für sichere Erwartungen (Kostenvergleichsrechnungen, einfache und differenzierte Deckungsbeitragsrechungen, Scoringmodelle, Investitionsrechnungsverfahren, Kennzahlensysteme, etc.)
Operative Planungsinstrumente zur Bewältigung der Unsicherheit (Nutzschwellenanalyse etc.).

Bestandteile des Kontrollsystems
Strategisches Kontrollsystem
Strategische Prämissenkontrolle
Strategische Ergebnis- und Durchführungskontrolle (strategische Soll-/Ist-Vergleiche)
Strategische Überwachung
Strategische Abweichungs- und Ursachenanalyse
Operatives Kontrollsystem
Operative Zielkonsistenzkontrolle
Operative Ergebniskontrolle und Soll-/Ist-Vergleiche
Planfortschrittskontrolle und Erwartungsrechnung
Operative Abweichungs- und Ursachenanalyse
Operative Prämissenkontrolle

Aufgabenteil b) (5 Punkte)

top-down: Die Planung wird durch die Unternehmensleitung vorgegeben.

bottom-up: Planung ergibt sich aus den von den untergeordneten Stellen erarbeiteten Plänen

Gegenstromverfahren: Dialog- bzw. Aushandlungsprozess zwischen den beteiligten Planungsinstanzen.

Aufgabenteil c) (15 Punkte)

Ein idealtypischer Planungsprozess mit den Beteiligten „Unternehmensleitung“, „Controller“ und „Funktionsbereiche“ lässt sich folgender Maßen abbilden:

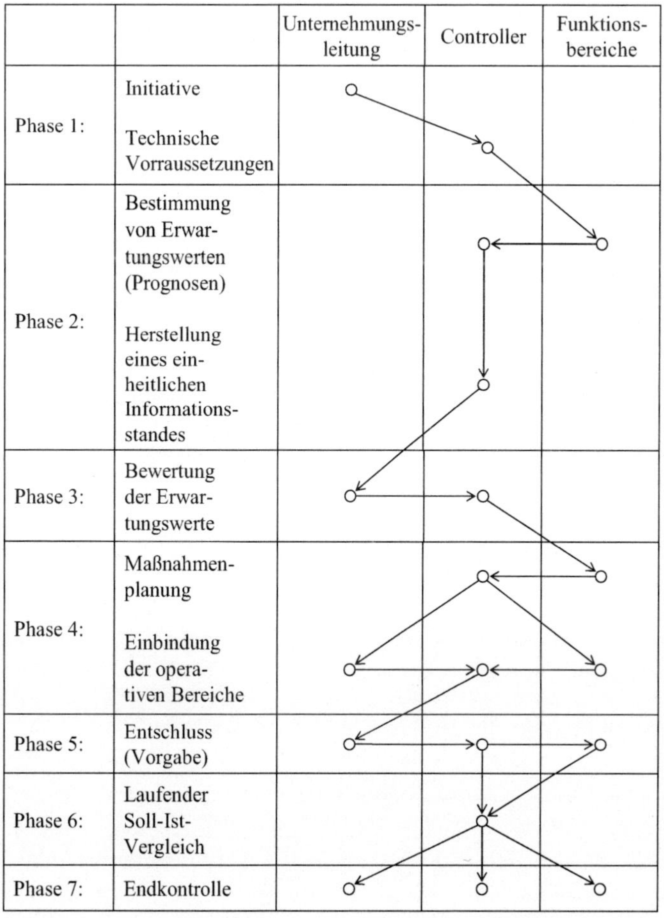

Aufgabenteil d) (10 Punkte)

Gepoolte Interdependenzen: In diesem Fall hängen die Mitglieder eines Unternehmens von gemeinsamen Ressourcen ab.

Sequenzielle Interdependenzen: Abhängigkeit von betrieblichen Abteilungen in Form einer Arbeit, bei der jeweils nachgeordnete Stellen auf die Leistungen von Stellen warten müssen, die ihnen vorgeordnet sind.

Reziproke Interdependenzen: Reziproke Interdependenzen bezeichnen und kennzeichnen wechselseitige Abhängigkeitsverhältnisse zwischen zwei oder mehr Abteilungen.

Aufgabenteil e) (15 Punkte)
Gepoolte Interdependenzen

- Zur Lösung von Verteilungskonflikten dient in erster Linie die im Unternehmen errichtete Aufbauorganisation. Die auf diesem Wege erzeugte Abteilungsbildung schafft eine sog. **Hierarchie**.
- In sog. **Stellenbeschreibungen** werden die Aufgaben und die Verantwortungsbeziehungen jeder oder zumindest der wichtigsten Stellen im Unternehmen dargelegt.

Sequenzielle Interdependenzen

- Als **Programme** bezeichnet man verbindlich festgelegte Verfahrensrichtlinien, durch deren Vorgabe die Unternehmensmitglieder angehalten werden, die ihnen zugewiesenen Aktivitäten in einer bestimmten Art und Weise (z. B. nach einem bestimmten Verfahren) durchzuführen.
- **Planung als Instrument** zur Koordination vornehmlich sequenzieller Interdependenzen: Ausführende Stellen erhalten periodisch bestimmte Vorgaben, die ihre Tätigkeiten koordinieren. Diese Vorgaben sind weder persönliche Weisungen noch das Ergebnis einer Selbstabstimmung. Sie resultieren auch nicht aus der Anwendung von Programmen durch die Ausführenden. Diese Vorgaben werden vielmehr nach festgelegten Verfahren im Rahmen eines institutionalisierten Planungsprozesses erarbeitet.

Reziproke Interdependenzen

- **Stäbe** werden bestimmten Linieninstanzen zugeordnet, um diese bei ihrer Führungsfunktion zu unterstützen und zu beraten. Sie dienen insofern der Koordination, als dass sie den Informationsstand dieser Leitungsorgane verbessern und dadurch Konflikte interagierender Abteilungen durch besseres Wissen vermindern. Insbes. bei reziproken Interdependenzen zwischen zwei oder mehreren Funktions- bzw. Teilbereichen, die nicht routinemäßige Verhaltensweisen erfordern, kommen sie als Koordinationsinstrumente ohne formale Entscheidungskompetenz zum Einsatz.
- Für die Kommunikation innerhalb der Aufbauorganisation eines Unternehmens spielen neben den ständigen (formalen und informalen) Verkehrs- und Informationsbeziehungen der regulären Stellen **Kommissionen** eine wesentliche Rolle. Als Kommissionen werden solche organisatorischen Gebilde bezeichnet, die zur Erfüllung von Sonderaufgaben gebildet werden und nur eine diskontinuierliche und befristete zeitliche Tätigkeit aufweisen.

Beschaffungscontrolling

Aufgabe 3: Beschaffungsmarktforschung

Aufgabenteil a) (6 Punkte)
Die Beschaffungsmarktforschung kann in folgende Elemente untergliedert werden:

Beschaffungsmarktanalyse:

Es handelt sich um die Momentaufnahme der Verhältnisse auf einem Beschaffungsmarkt zu einem bestimmten Zeitpunkt.

Beschaffungsmarktbeobachtung:

Hierbei geht es um die Überwachung und Beobachtung des Marktes im Zeitverlauf. Auf Grundlage der Beschaffungsmarktanalyse werden Entwicklungen und Veränderungen des Beschaffungsmarktes betrachtet.

Beschaffungsmarktprognose:

Aufbauend auf den vorgenannten Elementen wird versucht, die zukünftige Entwicklung des Beschaffungsmarktes vorauszusagen.

Aufgabenteil b) (10 Punkte)
Informationsquellen und konkret mögliche Beispiele für das Vorliegen von Informationen:

- Lieferanten (mind. 5 Beispiele)
  - Kataloge und Preislisten
  - Werbeprospekte
  - Hauszeitschriften
  - Geschäftsberichte
  - Internetseiten
  - persönliche Kontakte
- innerbetriebliche Quellen (mind. 2 Beispiele)
  - Beschaffungsstatistiken
  - Erfahrungsberichte
- assoziierte Unternehmen/Institutionen/Personen (mind. 2 Beispiele)
  - Konzernmütter/-töchter/-schwestern
  - befreundete Unternehmen
  - Abnehmer/Kunden
  - informelle Netzwerke
- Auskünfte durch Dritte (mind. 2 Beispiele)
  - Banken
  - Wirtschaftsverbände
  - Industrie- und Handelskammern/Handwerkskammern
  - Auskunfteien (z. B. Schufa, Bürgel)
  - Marktforschungsinstitute
  - privatwirtschaftlich betriebene Datenbanken

- Konsulate/Botschaften

- Veröffentlichungen (mind. 2 Beispiele)
  - Fachzeitschriften
  - Tageszeitungen
  - Markt- und Börsenberichte
  - Branchenbücher
  - Bezugsquellenverzeichnisse
  - Verbandsstatistiken
  - öffentliche (elektronische) Datenbanken
  - Internetveröffentlichungen
- (Fach-)Messen und Präsentationen (mind. 2 Beispiele)
  - Messebeobachtungen
  - Gespräche mit Messeteilnehmern

Aufgabenteil c) (8 Punkte)
Die Kriterien zur Profilbildung und Beurteilung können grundsätzlich aus folgenden Bereichen kommen:

- Unternehmensspezifische Daten (mind. 2 Beispiele)
  - Unternehmensgröße
  - Gesellschaftsform
  - Finanzielle Lage
  - Etc.
- Produktbezogene Daten (mind. 2 Beispiele)
  - Produktionskapazität
  - Produktionsauslastung
  - Produktqualität
  - Etc.
- Daten zu Konditionen und Service (mind. 2 Beispiele)
  - Preis
  - Lieferungsbedingungen
  - Zahlungsbedingungen
  - Lieferzuverlässigkeit
  - Lieferzeiten
  - Etc.
- Daten zur Lieferantenbeziehung (mind. 2 Beispiele)
  - Abhängigkeitsbeziehungen
  - Dauer des Geschäftskontaktes
  - Persönlicher Kontakt zu Verkäufern/Mitarbeitern
  - Etc.

Aufgabenteil d) (36 Punkte)
Ermittlung der Umrechnungsfunktion für den Kriterienpunkt Preis:

Für die lineare Umrechnung eines Preises zwischen 100 € und 170 € in Punktwerte gilt grundsätzlich:

$$\text{Punkte} = a * \text{Preis} + b$$

Für Preise über 170 € liegt der Punktwert konstant bei 1,

für Preise unter 100 € liegt der Punktwert konstant bei 5

a und b lassen sich beispielsweise folgendermaßen errechnen:

$$\left|\begin{matrix} 5 = 100a + b \\ 1 = 170a + b \end{matrix}\right| \Leftrightarrow \left|\begin{matrix} (5-100a) = b \\ 1 = 170a + (5-100a) \end{matrix}\right| \Leftrightarrow \left|\begin{matrix} (5-100a) = b \\ -4 = 70a \end{matrix}\right| \Leftrightarrow \left|\begin{matrix} 5-100*\left(-\frac{2}{35}\right) = b \\ -\frac{2}{35} = a \end{matrix}\right| \Leftrightarrow$$

$$\left|\begin{matrix} \frac{175}{35}+\frac{200}{35} = b \\ -\frac{2}{35} = a \end{matrix}\right| \Leftrightarrow \left|\begin{matrix} \frac{375}{35} = b \\ -\frac{2}{35} = a \end{matrix}\right| \Leftrightarrow \left|\begin{matrix} \frac{75}{7} = b \\ -\frac{2}{35} = a \end{matrix}\right|$$

Die lineare Umrechnungsfunktion lautet somit:

$$\text{Punkte} = \left(-\frac{2}{35}\right) * \text{Preis} + \frac{75}{7}$$

Für das Kriterium *Preis* lassen sich die Punktwert somit wie folgt ermitteln:

Punktevergabe Monet AG: $\text{Punkte} = \left(-\frac{2}{35}\right) * 152{,}50€ + \frac{75}{7} = 2$

Punktevergabe Picasso Großhandel : $\text{Punkte} = \left(-\frac{2}{35}\right) * 117{,}50€ + \frac{75}{7} = 4$

Punktevergabe Kandinsky GmbH: $\text{Punkte} = \left(-\frac{2}{35}\right) * 135{,}00€ + \frac{75}{7} = 3$

Punktevergabe Klee KG: $\text{Punkte} = \left(-\frac{2}{35}\right) * 100{,}00€ + \frac{75}{7} = 5$

Die Punkte für die weiteren Kriterien ergeben sich durch einfaches einsortieren nach den im Text vorgegebenen Grenzen und können der nachfolgenden Tabelle der Profilanalyse entnommen werden.

Kriterium	*Mindest-anforderung*	*Monet AG*	*Picasso Großhandel*	*Kandinsky GmbH*	*Klee KG*
Unternehmensgröße	2	5	4	3	1
Finanzielle Solidität	3	5	2	4	3
Max. Liefermenge pro Woche	3	3	1	5	4
Produktqualität	3	3	4	5	2
Preis (bei Lieferung bis Werk)	1	2	4	3	5
Nominelle Lieferzeit	2	3	4	3	1
Lieferzuverlässigkeit	2	2	4	3	5
Kulanzverhalten	2	4	3	3	5
Dauer der Geschäftsbeziehung	2	5	1	2	3
Persönlicher Kontakt	2	3	4	5	1

mit 1 = Kriterium sehr schlecht erfüllt
bis 5 = Kriterium sehr gut erfüllt

Daraus resultiert die grafische Darstellung wie folgt:

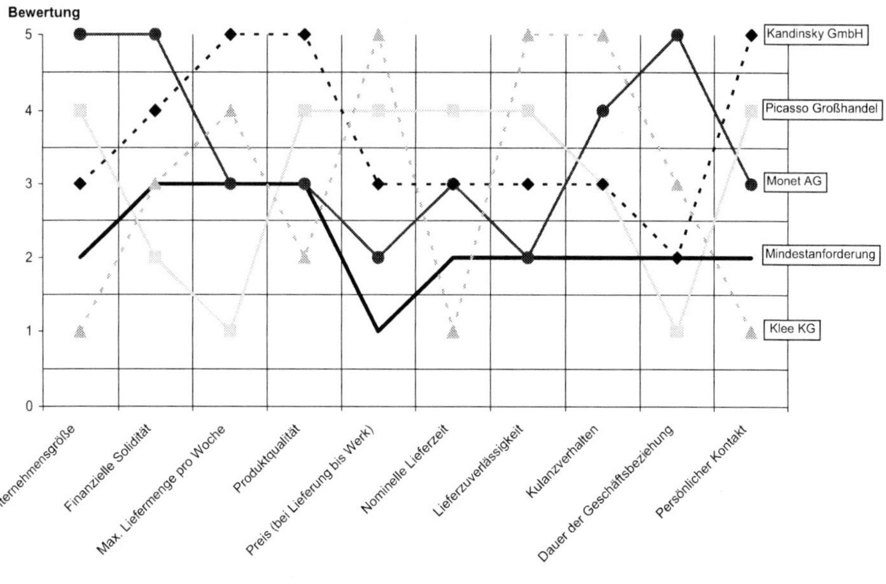

Die Klee KG sowie der Großhandel Picasso scheiden aus, da sie das Mindestanforderungsprofil an mindestens einer Stelle unterschreiten.

Welches Unternehmen ausgewählt werden soll, kann anhand der Profilanalyse nicht eindeutig entschieden werden, da zwei Unternehmen, die Monet AG und die Kandinsky GmbH, die Mindestanforderungen einhalten, aber keines der beiden Unternehmen das andere dominiert. Weder Monet noch Kandinsky weisen eine Kurve auf, die in allen Punkten besser bzw. gleich gut ist wie die Kurve des jeweils anderen Unternehmens. Die Profilanalyse sollte für die beiden Unternehmen, die die Mindestanforderungen einhalten, zu einem Scoring-Modell ausgeweitet werden.

Aufgabe 4: ABC- und XYZ-Analyse

Aufgabenteil a) (9 Punkte)

1. Der Verbrauchswert der einzelnen Materialpositionen wird ermittelt, indem die jährliche Verbrauchsmenge pro Materialposition erfasst und mit dem (durchschnittlichen) Einkaufspreis (je Mengeneinheit) multipliziert wird.
2. Die einzelnen Positionen werden absteigend nach ihrem Verbrauchswert sortiert, die einzelnen Werte anschließend kumuliert.
3. Der prozentuale Anteil jeder Position am Gesamtwert wird errechnet, die Prozentzahlen werden ebenfalls kumuliert.
4. Der prozentuale Anteil jeder Position an der Gesamtzahl der Positionen wird ermittelt und kumuliert. Ebenfalls ist es möglich, den Mengen- oder Volumenanteil jeder Position als Bezugsgröße heranzuziehen.
5. Wertgrenzen werden bei bestimmten Prozentanteilen am Gesamtwert gezogen (z. B. bei 60 und 80 Prozent).
6. Der kumulierte prozentuale Anteil jeder Position an der Gesamtzahl der Positionen wird in einer Grafik dem kumulierten prozentualen Anteil jeder Position an dem Gesamtwert der Positionen als Lorenzkurve gegenübergestellt.

Aufgabenteil b) (10 Punkte)

In einem ersten Schritt sollte ermittelt werden, wie viele bzw. welche Menge an Komponenten bei der vorgegebenen Produktionsmenge jeweils je Produkt benötigt werden. Dieser Wert ergibt sich, indem die jeweils in ein Produkt eingehende Anzahl oder Menge der Komponente mit der Produktionsmenge des Produkts multipliziert wird. Der so ermittelte Komponentenbedarf je Produkt wird über alle Produkte aufsummiert, um auf die Gesamtzahl der benötigten Komponenten zu kommen.

Die Kosten je Komponente ergeben sich, indem man den Gesamtbedarf mit dem Planpreis multipliziert.

Die Berechnung des Bedarfs pro Komponente sowie die daraus resultierenden Kosten sind in der nachfolgenden Tabelle dargestellt:

Produkt	Produktions-menge (Plan)	Metallbleche [kg]	Kunststoff-granulat [kg]	Leder [kg]	Uhrwerk, analog	Weckwerk mit Signalgeber	Zifferblatt edel	Zifferblatt einfach	Zifferblatt groß	Elektronik-bausatz digital	Batterien
Digitaluhr "Bill"	40.000	1.600	0	0	0	0	0	0	0	40.000	40.000
Digitaluhr "Steve"	25.000	0	500	300	0	0	0	0	0	25.000	25.000
Digitaluhr "Paul"	18.000	0	720	0	0	18.000	0	0	0	18.000	18.000
Wecker "Morgenrot"	15.000	1.800	3.750	0	15.000	15.000	0	0	15.000	0	60.000
Wecker "Aufstehen"	19.000	2.850	4.370	0	19.000	19.000	0	0	19.000	0	76.000
Analoguhr "Rockefeller"	5.000	150	0	100	5.000	0	5.000	0	0	0	10.000
Analoguhr "Fugger"	55.000	1.100	1.100	1.375	55.000	0	55.000	0	0	0	165.000
Analoguhr "Quandt"	60.000	2.400	1.800	1.200	60.000	0	0	60.000	0	0	120.000
Analoguhr "Rothschild"	22.000	440	0	660	22.000	0	22.000	0	0	0	44.000
Analoguhr "Krupp"	22.000	660	0	220	22.000	0	0	22.000	0	0	44.000
Gesamtbedarf		11.000	12.240	3.855	198.000	52.000	82.000	82.000	34.000	83.000	602.000
durchschnittlicher Preis [€]		10,00	2,50	5,00	3,50	2,50	5,00	2,50	4,50	1,00	0,50
Gesamtkosten je Materialkomponente [€]		110.000	30.600	19.275	693.000	130.000	410.000	205.000	153.000	83.000	301.000

Anhand der Beschaffungskosten je Materialkomponente kann eine Rangfolge der Komponenten aufgestellt und der jeweilige Anteil der kumulierten Beschaffungskosten an den Gesamtbeschaffungskosten ermittelt werden. Anhand der vorgegebenen Wertgrenzen von 60 bzw. 80 % und der kumulierten Kostenanteile können die Komponenten anschließend in A-, B- oder C-Güter eingeteilt werden. Die zu ermittelnde Tabelle ist nachfolgend vollständig abgebildet:

Rang	Beschaffungs-position	Beschaffungs-kosten [€]	kum. Beschaffungs-kosten [€]	kum. Kosten-anteil	kum Posten-anteil	Kategorie
1	Uhrwerk, analog	693.000	693.000,00	32,46%	10,00%	A-Gut
2	Ziffernblatt "edel"	410.000	1.103.000,00	51,67%	20,00%	A-Gut
3	Batterien	301.000	1.404.000,00	65,76%	30,00%	B-Gut
4	Ziffernblatt "einfach"	205.000	1.609.000,00	75,37%	40,00%	B-Gut
5	Ziffernblatt "groß"	153.000	1.762.000,00	82,53%	50,00%	C-Gut
6	Weckwerk	130.000	1.892.000,00	88,62%	60,00%	C-Gut
7	Metallbleche	110.000	2.002.000,00	93,78%	70,00%	C-Gut
8	Elektronikbausatz	83.000	2.085.000,00	97,66%	80,00%	C-Gut
9	Kunststoffgranulat	30.600	2.115.600,00	99,10%	90,00%	C-Gut
10	Leder	19.275	2.134.875,00	100,00%	100,00%	C-Gut
		2.134.875				

Aufgabenteil d) (9 Punkte)
Durch die Gegenüberstellung der kumulierten Kostenanteile und der kumulierten Postenanteile ergibt sich die nachfolgend dargestellte Lorenzkurve:

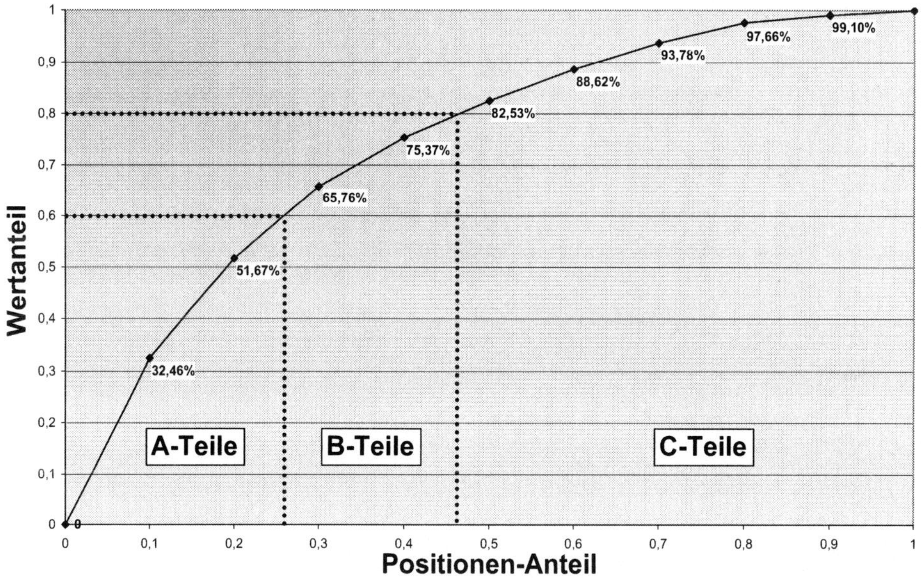

Aufgabenteil e) (5 Punkte)
Merkmale für X-, Y- und Z-Güter:

X-Gut:

- Gleichartige Verbrauchsstruktur
- Geringe/gut vorhersehbare Schwankung
- Gute Vorhersagbarkeit

Y-Gut:

- Unregelmäßiger Verbrauch
- Nicht vorhersehbare Schwankungsimpulse
- Mittlere Vorhersagbarkeit

Z-Gut:

- Chaotischer Verbrauch
- Starke und unregelmäßige Schwankung
- Schlechte Vorhersagbarkeit

Aufgabenteil f) (12 Punkte)
Die Schwankungskoeffizienten ermitteln sich folgendermaßen:

$$SQ_1 = 0{,}5 * \left(3 * \left| 1 - \frac{131.415}{155.000} \right| \right) = 0{,}228$$

$$SQ_2 = 0{,}5 * \left(0{,}228 + 3 * \left| 1 - \frac{146.609}{158.000} \right| \right) = 0{,}222$$

$$SQ_3 = 0{,}5 * \left(0{,}222 + 3 * \left| 1 - \frac{170.312}{165.000} \right| \right) = 0{,}159$$

$$SQ_4 = 0{,}5 * \left(0{,}159 + 3 * \left| 1 - \frac{182.125}{170.000} \right| \right) = 0{,}186$$

$$SQ_5 = 0{,}5 * \left(0{,}186 + 3 * \left| 1 - \frac{175.031}{175.000} \right| \right) = 0{,}093$$

$$SQ_6 = 0{,}5 * \left(0{,}093 + 3 * \left| 1 - \frac{207.844}{198.000} \right| \right) = 0{,}121$$

Aufgabenteil g) (5 Punkte)
Der Schwankungskoeffizient nach Hartmann ist jeweils kleiner eins,[39] so dass man das analoge Uhrwerk nach der ABC- und XYZ-Analyse in die Kategorie AX-Gut einordnen kann. Folgende Gestaltungsvorschläge können aus dieser Tatsache für die Beschaffungsplanung abgeleitet werden:

- Es sollte nur ein möglichst geringen Lagerbestand aufgebaut werden.
- Aufgrund der guten Planbarkeit ist nur ein geringer Sicherheitsbestand vorzuhalten.
- Der Beschaffungsmarkt für analoge Uhrwerke sowie dessen Entwicklung sollte genau beobachtet werden.
- Es sind ggf. preisgünstigere Lieferanten zu suchen.
- Wenn möglich sollte eine Just-in-time-Lieferung erfolgen, da so ein hoher Lagerbestand verhindert werden kann.

---

[39] Für die Grenzziehung nach Hartmann vgl. Holtrup, M./Littkemann, J.: Beschaffungscontrolling, in: Littkemann, J. (Hrsg.), Unternehmenscontrolling, Verlag NWB, Herne/Berlin 2006, S. 156.

Produktionscontrolling

Aufgabe 5: Programmplanung bei alternativen Fertigungsprozessen

Aufgabenteil a) (24 Punkte)

Die ausgefüllten Tabellen sehen wie folgt aus:

Produkt		Produkt A	Produkt B	Produkt C	Produkt D
Max. Absatz (Stk.)		1.500	2.000	3.000	4.000
Preis (Stk.)		51,50	74,00	82,00	44,00
Var. Kosten o. Engp.		42,00	60,00	78,00	42,50
PK: Zeitbedarf/Stk. im Engp. (ZE/Stk.)		7,00	8,50	4,00	1,00
Kapazitätsbed. bei max. Absatz		10.500	17.000	12.000	4.000
Variable Kosten/Stk. im Engpaß	Aggregat 1	5,950	7,225	3,400	0,850
	Aggregat 2	7,350	8,925	4,200	1,050
	Aggregat 3	8,050	9,775	4,600	1,150
Deckungs-spanne (GE/Stk.)	Aggregat 1	3,550	6,775	0,600	0,650
	Aggregat 2	2,150	5,075	-0,200	0,450
	Aggregat 3	1,450	4,225	-0,600	0,350
Bruttodeckungsspanne		9,5	14,0	4,0	1,5
rel. Bruttodeckungssp.		1,357	1,647	1,000	1,500
Rangfolge		3	1	4	2

Rang		1	2	3	4
Produkt		Produkt B	Produkt D	Produkt A	Produkt C
Max. Absatz (Stk.)		2000	4000	1500	3000
Produktionskoeffizient		8,50	1,00	7,00	4,00
Deckungs-spanne (GE/Stk.)	Aggregat 1	6,775	0,650	3,550	0,600
	Aggregat 2	5,075	0,450	2,150	-0,200
	Aggregat 3	4,225	0,350	1,450	-0,600
Produktion (Stk.) auf	Aggregat 1	1.176	4	0	0
	Aggregat 2	824	1.996	0	0
	Aggregat 3	0	2.000	1.500	0
Kapazitäts-bean-spruchung	Aggregat 1	9.996	4	0	0
	Aggregat 2	7.004	1.996	0	0
	Aggregat 3	0	2.000	10.500	0
Rest-kapazität	Aggregat 1	4	0	0	0
	Aggregat 2	1.996	0	0	0
	Aggregat 3	15.000	13.000	2.500	2.500
Produktionsmenge (total)		2000	4000	1500	0
Deckungsbeitrag		12.149,20	1.600,80	2.175,00	0,00
Deckungsbeitrag gesamt		15.925,00			

Der Deckungsbeitrag, den jedes Produkt erzielt, wird anteilig durch die verwendeten Aggregate beeinflusst. Der Deckungsbeitrag von Produkt B wird beispielsweise wie folgt berechnet: (6,775*1.176)+(5,075*824)=12.149,20.

Somit werden im Ergebnis von Produkt A *1.500 Stück*, von Produkt B *4.000 Stück*, von Produkt C *0 Stück* und von Produkt D *4.000 Stück* gefertigt. Insgesamt wird durch dieses Produktionsprogramm ein Deckungsbeitrag *von 15.925,00 Geldeinheiten* erzielt.

Aufgabenteil b) (11 Punkte)
Skizze des Sachverhalts:

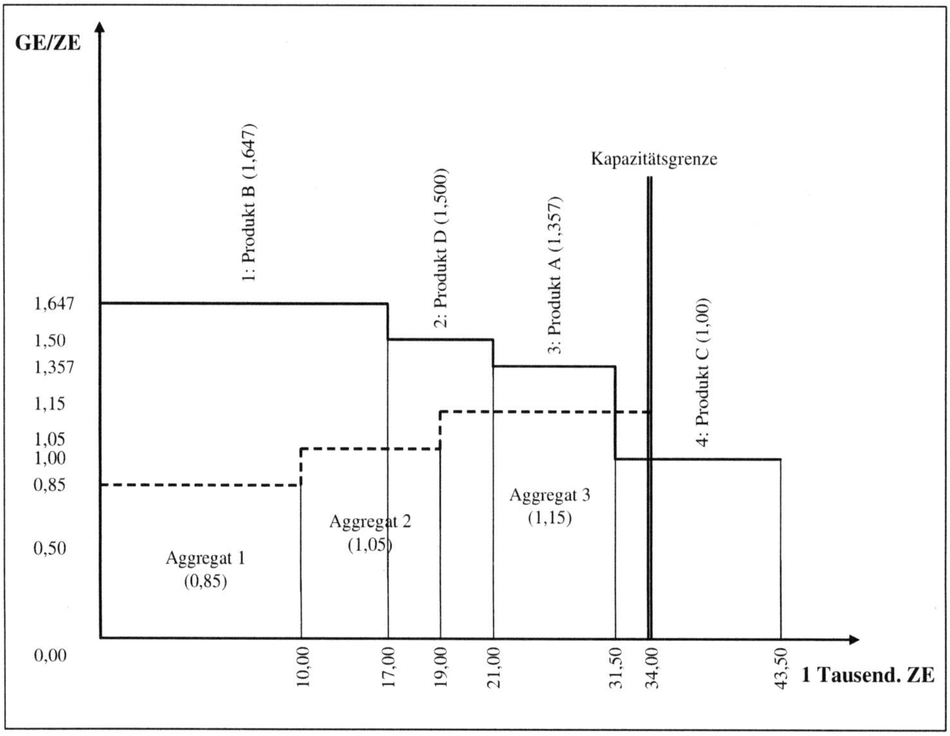

So oder so ähnlich sollte die Lösungsskizze aussehen. Zu beachten ist die vollständige Beschriftung der Achsen und der einzelnen Produkte und Aggregate. Nicht wichtig ist die millimetergenaue Länge bzw. der genaue Abstand der einzelnen Elemente. Jedoch sollten die Relationen ungefähr stimmen.

Aufgabenteil c) (5 Punkte)

Strategische Programmplanung:

- Festlegung der Produktfelder, auf denen ein Unternehmen tätig wird

Taktische Programmplanung:

- Konkretisierung der Produktfelder hinsichtlich der *Breite des Produktionsprogramms* (z. B. Art und Anzahl der Produktvarianten)
- Konkretisierung der Produktfelder hinsichtlich der *Tiefe des Produktionsprogramms* (z. B. Entscheidung über Eigenerstellung oder Fremdbezug)
- Konkretisierung der *Kapazitätenallokation* (grobe Zuordnung von zu fertigenden Produkten auf zur Verfügung stehende Maschinen, Beschäftigte etc.)

Operative Programmplanung:

- Konkrete Bestimmung, welche Mengen welcher Produkte unter Berücksichtigung aller Nebenbedingungen (Absatz-/Kapazitätsrestriktionen, Produktionsverpflichtungen, Verbundeffekte etc.) herzustellen sind

Aufgabe 6: Losgrößenplanung mit der Wagner/Whitin-Methode

Aufgabenteil a) (5 Punkte)

Unter bestimmten restriktiven Vorraussetzungen kann die optimale Losgröße y_{opt} anhand der so genannten klassischen oder auch Andler'schen Losgrößenformel ermittelt werden. Diese Vorraussetzungen sind im Einzelnen:

- Die Nachfrage nach (bzw. der Bedarf an) den zu fertigenden Sorten ist konstant, bekannt und deterministisch,
- die Rüstkostensätze Cr aller Sorten sind konstant und unabhängig von der gewählten Reihenfolge der Fertigung,
- der Lagerraum und die zur Verfügung stehende Zeit (für Rüstzeit und Fertigungszeit) sind nicht knapp,
- es wird nur ein Aggregat für die Fertigung betrachtet und die Produktion erfolgt einstufig und
- es besteht kein Maschinenbelegungsproblem.

Aufgabenteil b) (30 Punkte)

Das Lösungstableau sieht wie folgt aus:

Wagner/Whitin-Methode

Planungsperiode	1	2	3	4	5
Bedarf	50	70	80	60	50

Fertigungszeitpunkt					
1	100	177	353	551	771
2	99999	200	288	420	585
3	99999	99999	277	343	453
4	99999	99999	99999	377	432
5	99999	99999	99999	999999	443

Kostenminimum	100	177	277	343	432
Rüstkosten Cr	100				
Lagerkosten k_L	1,1				

In der Tabelle ist zunächst die in der Aufgabenstellung vorgegebene Bedarfsreihe der Planungsperioden aufgeführt. Darunter sind die jeweiligen Summen aus Lager- und Rüstkosten der einzelnen möglichen Fertigungszeitpunkte eingetragen. Die Einträge mit dem Wert „99999" stellen dabei Hilfsgrößen dar, um die Ermittlung des Minimums zu ermöglichen (dieser Felder können auch leer sein). In der Zeile darunter ist das jeweilige Kostenminimum aufgeführt. Am Fuß der Tabelle sind die zugrunde gelegten Kostensätze (Cr=100, k_L=1,1) abzulesen.

Die Berechnung der Lager- und Rüstkosten für die einzelnen Fertigungszeitpunkte, ausgehend vom Fertigungszeitpunkt i=1, geschieht wie folgt: Bei isolierter Betrachtung von Planungsperiode 1 (im Planungszeitpunkt j=1) wird nur der Bedarf der aktuellen Periode

(50 ME) produziert. Es fallen keine Lagerkosten an und die Gesamtkosten entsprechen somit den Rüstkosten in Höhe von 100 Geldeinheiten.

Bei Betrachtung der Planungszeitpunkte j=2, 3, 4 oder 5 entspricht die jeweilige Losgröße zum Fertigungszeitpunkt 1 der Summe der Bedarfe bis zum Planungszeitpunkt j (j=2: 120 ME, j=3: 200 ME, j=4: 260 ME, j=5: 310 ME). Die anfallenden Lagerkosten (K_L) errechnen sich folgendermaßen:

- Planungszeitpunkt j = 2:
  K_L= 70 (kL ((j-i)
  KL= 70 (1,1 (1 = 77
  Gesamtkosten (Rüst- + Lagerkosten) = 100 + 77 = 177
- Planungszeitpunkt j = 3:
  KL= 70 (1,1 (1 + 80 (1,1 (2 = 253
  Gesamtkosten (Rüst- + Lagerkosten) = 100 + 253 = 353
- Planungszeitpunkt j = 4:
  KL= 70 (1,1 (1 + 80 (1,1 (2 + 60 (1,1 (3 = 451
  Gesamtkosten (Rüst- + Lagerkosten) = 100 + 451 = 551
- Planungszeitpunkt j = 5:
  KL= 70 (1,1 (1 + 80 (1,1 (2 + 60 (1,1 (3 + 50 (1,1 (4 = 671
  Gesamtkosten (Rüst- + Lagerkosten) = 100 + 671 = 771

Analog werden die Berechnungen für die anderen möglichen Fertigungspunkte durchgeführt.

Nun können durch Rückwärtsrekursion auf Basis der ermittelten Werte die optimalen Lose bestimmt werden. Von Planungsperiode j=5 ausgehend wird ein Kostenminimum von 432 ausgewiesen, dass durch eine Zusammenfassung der Fertigung von den Bedarfen der Perioden 4 und 5 erreicht wird. Für die Planungsperiode 3 erweist sich eine isolierte Produktion des Periodenbedarfs als Kostenoptimal. Die Bedarfe von Periode 1 und 2 sind wiederum zu einem Los zusammenzufassen. Somit werden (in insgesamt drei Losen) zu Fertigungszeitpunkt i=1 120 Einheiten, zu Fertigungszeitpunkt i=3 80 Einheiten und zu Fertigungszeitpunkt i=4 110 Einheiten gefertigt:

Wagner/Whitin-Methode

Planungsperiode	1	2	3	4	5
Bedarf	50	70	80	60	50

Fertigungszeitpunkt					
1	100	177	353	551	771
2	99999	200	288	420	585
3	99999	99999	277	343	453
4	99999	99999	99999	377	432
5	99999	99999	99999	99999	443

Kostenminimum	100	177	277	343	432
Rüstkosten Cr	100				
Lagerkosten k_L	1,1				

Aufgabenteil c) (21 Punkte)
Die Berechnung der Lagerkosten und kumulierten Kosten erfolgte analog zur Vorgehensweise bei der Wagner/Whitin-Methode. Die Stückkosten einer jeden Planungsperiode werden ermittelt, in dem die kumulierten Kosten durch die kumulierte Bedarfsmenge der jeweiligen Periode dividiert werden.

Stückkostenverfahren

Planungsperiode	Bedarf	kumulierter Bedarf	Lagerkosten	kumulierte Kosten	Stückkosten
1	50	50	0	100	2,00
2	70	120	77	177	1,48
3	80	200	176	353	1,77
4	60	260	198	551	2,12
5	50	310	220	771	2,49

Rüstkosten Cr	100
Lagerkosten k_L	1,1

In Planungsperiode j=2 wird das Stückkostenminimum erreicht. Folglich sind die Bedarfe der Planungsperioden j=1 und j=2 zu einem Los mit 120 Einheiten zusammenzufassen.

Über eine Losbildung jenseits dieses Zeitraums gibt das Verfahren jedoch keine Auskunft. Um Folgelose zu bestimmen, müsste das Verfahren nach Ablauf von Planungsperiode j=2 neu gestartet werden.

Anmerkung: Eine Berechnung braucht nur bis zur Planungsperiode 3 erfolgen, da dort die Stückkosten wieder ansteigen!

Während das *Wagner/Whitin-Verfahren* bei stabilen Prognosewerten gute Ergebnisse liefert, führen instabile Prognosen jedoch zu unruhigen Planungsergebnissen. Denn bei einer Neuberechnung mit revidierten Prognosezahlen werden eventuell veränderte Handlungsempfehlungen für bereits abgelaufene (Vor-)Perioden gegeben. Durch die sequenzielle Vorgehensweise des *Stückkostenverfahrens*, aber auch des Cost-Balancing-Verfahrens und der Silver/Meal-Heuristik wird dies vermieden. Somit kann bei stabilen Prognosewerten das Wagner/Whitin-Verfahren eingesetzt werden. Bei instabilen, sich im Zeitablauf verändernden Prognosen sollte eher eine der Heuristiken genutzt werden.

Aufgabenteil d) (4 Punkte)
Die optimale Losgröße dient als Kennzahl, mit der eine pauschale Kennzeichnung der Optimallösung erfolgen kann. Die Kennzahl dient in diesem Fall als Sekundärzielgröße, deren Soll-Ausprägung das anzustrebende Optimum der Planungssituation (Losgrößenbestimmung) kennzeichnet.

Aufgabe 7: Kostenabweichungsanalyse

Aufgabenteil a) (12 Punkte)

Die vollständig ausgefüllte Tabelle sieht wie folgt aus:

	Meister Glanz						
Input-Menge	Plan-Menge	Soll-Menge	Ist- Menge	Plan-Mixanteil	Ist-Mixanteil	Plan-Preis	Ist- Preis
nichteonische Tenside [ml]	4.000.000,00	4.200.000,00	3.990.000,00	4,00%	3,80%	0,00150 €	0,00180 €
amphotere Tenside [ml]	11.000.000,00	11.550.000,00	11.550.000,00	11,00%	11,00%	0,00100 €	0,00100 €
anionische Tenside [ml]	25.000.000,00	26.250.000,00	27.300.000,00	25,00%	26,00%	0,00500 €	0,00500 €
Farbstoffe [ml]	10.000.000,00	10.500.000,00	10.500.000,00	10,00%	10,00%	0,00100 €	0,00100 €
Duftstoffe [ml]	8.000.000,00	8.400.000,00	8.400.000,00	8,00%	8,00%	0,00200 €	0,00200 €
Hilfsstoffe [ml]	42.000.000,00	44.100.000,00	43.260.000,00	42,00%	41,20%	0,00020 €	0,00020 €
Summe Material	100.000.000,00	105.000.000,00	105.000.000,00	100,00%	100,00%		
Output-Menge		Plan-Menge	100.000,00		Ist-Menge	105.000,00	

Die Werte der Spalte „Soll-Menge“ erhält man durch Multiplikation der Ist-Outputmenge (hier: 105.000,00 Liter) mit der Plan-Menge pro Liter eines jeden Input-Faktors. Analog erhält man die Werte der Spalte „Ist-Menge“ durch Multiplikation der Ist-Outputmenge mit der Ist-Menge pro Liter eines jeden Inputfaktors. Die Plan-Mixanteile der einzelnen Inputfaktoren ergeben sich durch Division der Plan-Menge eines einzelnen Inputfaktors in Milliliter durch die Gesamt-Planmenge der Inputfaktoren in Milliliter (Bsp.: Plan-Mixanteil Duftstoffe = 8.000.000,00/100.000.000,00 = 8%). Analog erfolgt wiederum die Bestimmung der Ist-Mixanteile. Hier werden die Ist-Mengen eines einzelnen Inputfaktors in Milliliter durch die Gesamt-Istmenge der Inputfaktoren in Milliliter dividiert (Bsp.: Ist-Mixanteil Hilfsstoffe = 43.260.000,00/105.000.000,00 = 41,2%).

Aufgabenteil b) (17,5 Punkte)

Die vollständig ausgefüllte Tabelle sieht wie folgt aus:

	Plankosten	Istkosten	Soll 1	Soll 2	Soll 3
nichteonische Tenside [ml]	6.000,00	7.182,00	5.985,00	6.300,00	6.300,00
amphotere Tenside [ml]	11.000,00	11.550,00	11.550,00	11.550,00	11.550,00
anionische Tenside [ml]	125.000,00	136.500,00	136.500,00	131.250,00	131.250,00
Farbstoffe [ml]	10.000,00	10.500,00	10.500,00	10.500,00	10.500,00
Duftstoffe [ml]	16.000,00	16.800,00	16.800,00	16.800,00	16.800,00
Hilfsstoffe [ml]	8.400,00	8.652,00	8.652,00	8.820,00	8.820,00
Summe Material	176.400,00	191.184,00	189.987,00	185.220,00	185.220,00

- Die Plankosten ergeben sich als Produkt aus Plan-Menge und Plan-Preis
- Die Istkosten ergeben sich als Produkt aus Ist-Menge und Ist-Preis
- Die Sollkosten 1 ergeben sich als Produkt aus Ist-Menge und Plan-Preis
- Die Sollkosten 2 ergeben sich als Produkt aus Gesamt-Istmenge aller Inputfaktoren, Plan-Mixanteil und Plan-Preis des entsprechenden Inputfaktors
- Die Sollkosten 3 ergeben sich als Produkt aus Soll-Menge und Plan-Preis

Aufgabenteil c) (12 Punkte)

Die vollständig ausgefüllte Tabelle sieht wie folgt aus:

<table>
<tr><th rowspan="2">Kosten-bestimmungs-faktoren</th><th colspan="5">Meister Glanz</th></tr>
<tr><th>Ist-Kosten</th><th>Soll-Kosten 1</th><th>Soll-Kosten 2</th><th>Soll-Kosten 3</th><th>Plankosten</th></tr>
<tr><td>Einsatzpreis</td><td>Ist</td><td>Plan</td><td>Plan</td><td>Plan</td><td>Plan</td></tr>
<tr><td>Einsatzmix</td><td>Ist</td><td>Ist</td><td>Plan</td><td>Plan</td><td>Plan</td></tr>
<tr><td>Input-Menge</td><td>Ist</td><td>Ist</td><td>Ist</td><td>Soll</td><td>Plan</td></tr>
<tr><td>Output-Menge</td><td>Ist</td><td>Ist</td><td>Ist</td><td>Ist</td><td>Plan</td></tr>
<tr><td>Wert</td><td>191.184,00 €</td><td>189.987,00 €</td><td>185.220,00 €</td><td>185.220,00 €</td><td>176.400,00 €</td></tr>
<tr><td>Kostenabweichung</td><td colspan="5">14.784,00 €</td></tr>
<tr><td>Veränd. d. var. Kosten</td><td></td><td></td><td></td><td colspan="2">8.820,00 €</td></tr>
<tr><td>Einsatzpreisabw.</td><td colspan="2">1.197,00 €</td><td></td><td></td><td></td></tr>
<tr><td>Glob. Verbrauchsab.</td><td></td><td colspan="3">4.767,00 €</td><td></td></tr>
<tr><td>Einsatzmixabw.</td><td></td><td colspan="2">4.767,00 €</td><td></td><td></td></tr>
<tr><td>Restabweichung</td><td></td><td></td><td colspan="2">0,00 €</td><td></td></tr>
</table>

- Die Kostenabweichung ergibt sich, indem man von den Ist-Kosten die Plankosten subtrahiert
- Die Veränderung der variablen Kosten erhält man, indem man von den Soll-Kosten 3 die Plankosten subtrahiert
- Die Einsatzpreisabweichung erhält man, indem man von den Ist-Kosten die Soll-Kosten 1 subtrahiert
- Die Globale Verbrauchsabweichung erhält man, indem man von den Soll-Kosten 1 die Soll-Kosten 3 subtrahiert
- Die Einsatzmixabweichung erhält man, indem man von den Soll-Kosten 1 die Soll-Kosten 2 subtrahiert
- Die Restabweichung erhält man, indem man von den Soll-Kosten 2 die Soll-Kosten 3 subtrahiert

Für den Fall, dass für die Berechnung der Aufgabe c die Alternativdaten genutzt wurden, sieht die richtig ausgefüllte Tabelle wie folgt aus:

<table>
<tr><th rowspan="2">Kosten-bestimmungs-faktoren</th><th colspan="5">Meister Glanz</th></tr>
<tr><th>Ist-Kosten</th><th>Soll-Kosten 1</th><th>Soll-Kosten 2</th><th>Soll-Kosten 3</th><th>Plankosten</th></tr>
<tr><td>Einsatzpreis</td><td>Ist</td><td>Plan</td><td>Plan</td><td>Plan</td><td>Plan</td></tr>
<tr><td>Einsatzmix</td><td>Ist</td><td>Ist</td><td>Plan</td><td>Plan</td><td>Plan</td></tr>
<tr><td>Input-Menge</td><td>Ist</td><td>Ist</td><td>Ist</td><td>Soll</td><td>Plan</td></tr>
<tr><td>Output-Menge</td><td>Ist</td><td>Ist</td><td>Ist</td><td>Ist</td><td>Plan</td></tr>
<tr><td>Wert</td><td>189.300,00 €</td><td>187.700,00 €</td><td>187.500,00 €</td><td>187.500,00 €</td><td>180.900,00 €</td></tr>
<tr><td>Kostenabweichung</td><td colspan="5">8.400,00 €</td></tr>
<tr><td>Veränd. d. var. Kosten</td><td></td><td></td><td></td><td colspan="2">6.600,00 €</td></tr>
<tr><td>Einsatzpreisabw.</td><td colspan="2">1.600,00 €</td><td></td><td></td><td></td></tr>
<tr><td>Glob. Verbrauchsab.</td><td></td><td colspan="3">200,00 €</td><td></td></tr>
<tr><td>Einsatzmixabw.</td><td></td><td colspan="2">200,00 €</td><td></td><td></td></tr>
<tr><td>Restabweichung</td><td></td><td></td><td colspan="2">0,00 €</td><td></td></tr>
</table>

Aufgabenteil d) (18,5 Punkte)

- Kostenabweichung:

Die Kostenabweichung ist die Differenz der realisierten und geplanten Kosten über alle Produkte. Im konkreten Fall sind hier um 14.784,00 € (bzw. bei der Alternativlösung 8.400,00 €) höhere Kosten angefallen, als ursprünglich geplant.

- Veränderung der variablen Kosten:

Die Veränderung der variablen Kosten ergibt sich als Differenz von Soll-Kosten 3 und Plankosten. Die Soll-Kosten 3 beschreiben praktisch die Kosten, die angefallen wären, wenn man bei der Planung schon die (später realisierte) Ist-Output-Menge zugrunde gelegt hätte. Wenn die Plan-Output-Menge gleich der Ist-Output-Menge ist, dann ist die Höhe dieser Abweichung dementsprechend „0". Im hier vorliegenden Fall beträgt die Höhe dieser Abweichung 8.820,00 € (bzw. 6.600,00 €). Diese Mehrkosten sind in der Produktionsausweitung von 100.000 Liter auf 105.000 Liter begründet.

- Einsatzpreisabweichung:

Die Einsatzpreisabweichung ergibt sich als Differenz aus realisierten Kosten und den Soll-Kosten 1. Die Soll-Kosten 1 unterscheiden sich von den realisierten Kosten nur darin, dass dabei die ursprünglich geplanten Kosten zugrunde gelegt werden. Im vorliegenden Fall beträgt die Höhe dieser Abweichung 1.197,00 € (bzw. 1.600,00 €). Diese Mehrkosten haben ihre Ursache in Preisänderungen der Input-Faktoren. Hier ist als Grund die Preiserhöhung bei den nichteonischen Tensiden zu identifizieren, die eventuell von der Beschaffungsabteilung zu verantworten ist, aber auch an der allgemeinen Marktsituation liegen kann.

- Globale Verbrauchsabweichung:

Die Globale Verbrauchsabweichung beschreibt die Differenz von Soll-Kosten 1 und Soll-Kosten 3. Hierbei handelt es sich somit um eine Abweichung der Kosten, die durch eine Veränderung des Verbrauchs an Input-Faktoren pro Output-Einheit entstanden ist. In diesem Falle sind Mehrkosten in Höhe von 4.767,00 € (bzw. 200,00 €) entstanden. Inwiefern die Ursache dafür eine Änderung des Einsatzfaktormixes und/oder eines Mehrverbrauches von Einsatzfaktoren durch Ineffizienzen ist, wird erst durch weitere Abspaltungen zu klären sein.

- Einsatzmixabweichung:

Die Einsatzmixabweichung als Differenz von Soll-Kosten 1 und Soll-Kosten 2 beschreibt, inwiefern es zu Kostenabweichungen infolge einer Veränderung des Einsatzmixes („der Rezeptur") gekommen ist. Im hier vorliegenden Fall sind Mehrkosten in Höhe von 4.767,00 € (bzw. 200,00 €) entstanden. Dies entspricht genau der Höhe der Globalen Verbrauchsabweichung. Die Ursache der Mehrkosten ist die von der Entwicklungsabteilung initiierte Änderung der Rezeptur, bei der nun von der Mix-Struktur her preislich günstigere Zutaten teilweise durch ein Mehr an teureren Zutaten ersetzt wurde. So werden pro Liter „Meister Glanz" nun 2ml weniger nichteonische Tenside und 8ml weniger Hilfsstoffe eingesetzt, dafür aber 10ml mehr von den relativ teureren anionischen Tensiden verbraucht.

- Restabweichung:

Die Restabweichung als Differenz von Soll-Kosten 2 und Soll-Kosten 3 beschreibt, inwiefern es zu Kostenveränderungen infolge einer Verbrauchsveränderung an Input-Faktoren pro Output-Einheit unter Annahme eines konstanten Plan-Einsatzmix gekommen ist. Die Restabweichung gibt somit Rückschlüsse auf die Effizienz bzw. Wirtschaftlichkeit der Produktion. Ist die Restabweichung ein positiver Wert (>0 €), so hat die Produktion weniger wirtschaftlich bzw. ineffizienter als geplant gearbeitet. Andersherum hat sie bei einem negativen Wert (<0 €) wirtschaftlicher bzw. effizienter als geplant gearbeitet. Im hier vorliegenden Fall beträgt die Restabweichung 0 €. Somit hat die Produktionsabteilung bei der Herstellung des Produktes „Meister Glanz" (zumindest in der Kosten-Summe) planmäßig gearbeitet. Die Globale Verbrauchsabweichung fällt vollständig auf die Einsatzmixabweichung und somit auf die Änderung der Rezeptur von „Meister Glanz" zurück.

Aufgabe 8: Programmplanung mit dem LP-Ansatz

Aufgabenteil a) (26,5 Punkte)

Die Daten aus der Aufgabenstellung:

Produkt	A	B	C	max. Kap.
Maschine 1	6	3		720
Maschine 2	4	3	2	500
Rohstoff 1	2		4	620
Rohstoff 2	1	3	2	∞
DSP	6	3	4	
max. Absatz	200	150	120	

Das Simplex-Ausgangstableau (LP-Ansatz)[40]:

BV	x_A	x_B	x_C	y_{M1}	y_{M2}	y_{R1}	y_A	y_B	y_C	RS
y_{M1}	6	3		1						720,000
y_{M2}	4	3	2		1					500,000
y_{R1}	2		4			1				620,000
y_A	1						1			200,000
y_B		1						1		150,000
y_C			1						1	120,000
-DB	6	3	4							

Die erste Iteration:

BV	x_A	x_B	x_C	y_{M1}	y_{M2}	y_{R1}	y_A	y_B	y_C	RS	Q
y_{M1}	6	3		1						720,000	120
y_{M2}	4	3	2		1					500,000	125
y_{R1}	2		4			1				620,000	310
y_A	1						1			200,000	200
y_B		1						1		150,000	
y_C			1						1	120,000	
-DB	6	3	4								

Auswahl der Pivotspalte bei (x_A), da hier der der höchste Wert eines Zielfunktionskoeffizienten (6) vorliegt. Als Pivotzeile wird die Zeile bei (y_{M1}) bestimmt, da hier der kleinste Wert in der Q-Zeile vorliegt. Somit wird beim Basiswechsel x_A in die Basis aufgenommen und y_{M1} aus der Basis eliminiert.

Nun muss in der Pivotspalte ein Einheitsvektor geschaffen werden. Dafür muss die Pivotzeile durch das Pivotelement (Matrixelement im Schnittpunkt von Pivotspalte und Pivotzeile; hier „6“) dividiert werden (um die „1“ des Einheitsvektors zu generieren). Um in den anderen Zeilen der Pivotspalte Nullen zu erzeugen, muss ein Vielfaches der erzeugten neuen Zeile von allen anderen Zeilen einschließlich der Zielfunktionszeile („-DB“), die in der Pivotspalte einen Wert ungleich 0 aufweisen, subtrahiert werden.

So muss zum Beispiel von der Zielfunktionszeile („-DB“) das 6-fache der durch das Pivotelement dividierten Pivotzeile abgezogen werden. Dadurch entsteht in der Zielfunktionszeile in der Spalte zu x_A eine „0“ und in der Spalte zu y_{M1} eine „-1“. In der Spalte zu x_B entsteht ebenfalls eine „0“. Auf der rechten Seite „RS“ steht in der Folge nun „-720“. Die anderen

40 Der Übersichtlichkeit halber sind in den folgenden Matrizen alle Matrixelemente, die einen Wert von 0 aufweisen, nicht aufgeführt.

Matrixelemente der Zielfunktionszeile bleiben unverändert, da die Pivotzeile an den entsprechenden Stellen einen Wert von „0" aufwies.

Die Matrize nach der vollständig durchgeführten ersten Iteration sieht dann folgendermaßen aus:

BV	x_A	x_B	x_C	y_{M1}	y_{M2}	y_{R1}	y_A	y_B	y_C	RS
x_A	1	0,5		0,1666667						120,000
y_{M2}		1	2	-0,666667	1					20,000
y_{R1}		-1	4	-0,333333		1				380,000
y_A		-0,5		-0,166667			1			80,000
y_B		1						1		150,000
y_C			1						1	120,000
-DB			4	-1						-720,00

(Die folgenden Iterationsschritte seien nur der Vollständigkeit halber aufgeführt – sie gehören nicht zur zu erbringenden Lösung!)

Tableau vor der zweiten Iteration:

BV	x_A	x_B	x_C	y_{M1}	y_{M2}	y_{R1}	y_A	y_B	y_C	RS	Q
x_A	1	0,5		0,1666667						120,000	
y_{M2}		1	2	-0,666667	1					20,000	10
y_{R1}		-1	4	-0,333333		1				380,000	95
y_A		-0,5		-0,166667			1			80,000	
y_B		1						1		150,000	
y_C			1						1	120,000	120
-DB			4	-1						-720,00	

Tableau vor der dritten Iteration:

BV	x_A	x_B	x_C	y_{M1}	y_{M2}	y_{R1}	y_A	y_B	y_C	RS	Q
x_A	1	0,5		0,1666667						120,000	720
x_C		0,5	1	-0,333333	0,5					10,000	-30
y_{R1}		-3		1	-2	1				340,000	340
y_A		-0,5		-0,166667			1			80,000	-480
y_B		1						1		150,000	
y_C		-0,5		0,3333333	-0,5				1	110,000	330
-DB		-2		0,3333333	-2					-760,00	

Optimaltableau:

BV	x_A	x_B	x_C	y_{M1}	y_{M2}	y_{R1}	y_A	y_B	y_C	RS	Q
x_A	1	0,75			0,25				-0,5	65,000	
x_C			1						1	120,000	
y_{R1}		-1,5			-0,5	1			-3	10,000	
y_A		-0,75			-0,25		1		0,5	135,000	
y_B		1						1		150,000	
y_{M1}		-1,5		1	-1,5				3	330,000	
-DB		-1,5			-1,5				-1	-870,00	

Aufgabenteil b) (30 Punkte)

BV	x_A	x_B	x_C	y_{M1}	y_{R1}	y_{R2}	y_A	y_C	RS
x_B		1		0,2		-0,4			12,000
y_{R1}				-0,6	1	0,8667	-3,3333		34,000
x_C			1			0,3333	-0,6667		50,000
x_A	1						1		150,000
y_C						-0,3333	0,6667	1	150,000
-DB				-0,6		-0,4667	-0,6667		-886,00

Werte der Basisvariablen (RS-Spalte, Zeilen x_B bis y_C)

Dualwerte (Zeile -DB, Spalten y_{M1}, y_{R2}, y_A)

Wert der Zielfunktion (-886,00)

Interpretation der Werte der Basisvariablen

Aus den Werten der Basisvariablen lassen sich insbesondere die ins Produktionsprogramm aufzunehmenden Mengen eines jeden Produktes ablesen:

x_A= 150,00: Von Produkt A sollten 150 Stück produziert werden.

x_B= 12,00: Von Produkt B sollten 12 Stück produziert werden.

x_C= 50,00: Von Produkt C sollten 50 Stück produziert werden.

y_{R1}= 34: Von Rohstoff 1 (R1) bleiben nach Produktion des aufgestellten Programms 34 Einheiten übrig.

y_C= 150,00: Von Produkt C könnten 150 weitere Einheiten für den Absatz produziert werden.

Interpretation des Wertes der Zielfunktion

-DB= -886,00: Das so bestimmte Produktionsprogramm erwirtschaftet einen Deckungsbeitrag von 886 Geldeinheiten.

Interpretation der Dualwerte

Die Schlupfvariablen y_{M1}, y_{R2} und y_A sind nicht in der Basis vertreten und haben in der Zielfunktion einen von 0 abweichenden Wert. Demnach sind die Kapazität der Maschine 1, der Rohstoff 2 (R2) und die maximale Absatzmenge des Produktes A *Engpassfaktoren.*

y_{M1} (Die Kapazitätsrestriktion der Maschine 1): Stände 1 Zeiteinheit mehr an der Maschine 1 zur Verfügung, so würde sich der Deckungsbeitrag um 0,60 Geldeinheiten erhöhen lassen. Der Dualwert -0,60 der Schlupfvariable y_{M1} ist somit der *Grenzgewinn* bzw. *Schattenpreis* des Faktors ‚Maschine 1'. Hätte man 1 Zeiteinheit an der Maschine 1 mehr zur Verfügung, so würde sich das (optimale) Produktionsprogramm wie folgt ändern:

- Es würden 0,20 Einheiten mehr von Produkt B hergestellt (Spaltenwert von x_B=0,20)
- Die Restmenge von Rohstoff 1 (R1) verringert sich um 0,6 Einheiten (Spaltenwert von y_{R1}=-0,6)

y_{R2} (Die Kapazitätsrestriktion des Rohstoffs 2 (R2)): Stände 1 Einheit mehr von Rohstoff 2 zur Verfügung, so würde sich der Deckungsbeitrag um 0,4667 Geldeinheiten erhöhen las-

sen. Der Dualwert -0,4667 der Schlupfvariable y_{R2} ist somit der *Grenzgewinn* bzw. *Schattenpreis* des Faktors ‚Rohstoff 2'. Hätte man 1 Kapazitätseinheit des Rohstoffs R mehr zur Verfügung, so würde sich das (optimale) Produktionsprogramm wie folgt ändern:

- Es würden 0,3333 Einheiten mehr von Produkt C hergestellt (Spaltenwert von x_C=0,3333)
- Es würden 0,4 Einheiten weniger von Produkt B hergestellt (Spaltenwert von x_B=-0,4)
- Die Restkapazität von Rohstoff 1 erhöht sich um 0,8667 Einheiten (Spaltenwert von y_{R2}=0,8667)
- Die von Produkt C noch absetzbare Menge vermindert sich um 0,3333 Einheiten (Spaltenwert von y_C=-0,3333)

y_A (Die Absatzsrestriktion des Produktes A): Würde sich die maximal absetzbare Menge des Produktes A um eine Einheit erhöhen, so ließe sich der Deckungsbeitrag um 0,6667 Geldeinheiten verbessern. Man sollte diese Einheit des Produktes A dann produzieren. In der Folge würde sich das (optimale) Produktionsprogramm wie folgt ändern:

- Es würde 1 Einheit mehr von Produkt A hergestellt (Spaltenwert von x_A=1)
- Es würden 0,6667 Einheiten weniger von Produkt C hergestellt (Spaltenwert von x_C=-0,6667)
- Die Restkapazität von Rohstoff 1 vermindert sich um 3,333 Einheiten (Spaltenwert von y_{R1}=-3,3333)
- Die von Produkt C noch absetzbare Menge erhöht sich um 0,6667 Einheiten (Spaltenwert von y_C=0,6667

Aufgabenteil c) (3,5 Punkte)

- Da der Rohstoff 3 (R3) nicht im Optimaltableau auftaucht, wurde im zugrunde liegenden LP-Ansatz keine Nebenbedingung für ihn aufgestellt. Somit dürfte dieser Rohstoff unbegrenzt zur Verfügung stehen.

Logistikcontrolling

Aufgabe 9: Losgrößenformel und Heuristiken zur Bestellplanung

Aufgabenteil a) (10 Punkte)
Die Lagerkosten ergeben sich als:

$$C_L(y) = \frac{y}{2} * p * l$$

Die Beschaffungskosten ergeben sich als:

$$C_B(y) = \frac{X}{y} * b$$

Daraus resultieren folgende Gesamtkosten als Summe aus Lager- und Beschaffungskosten:

$$C_{ges}(y) = C_L(y) + C_B(y) = \frac{y}{2} * p * l + \frac{X}{y} * b$$

Zur Ermittlung der klassischen Losgrößenformel muss die Gesamtkostenfunktion nach x abgeleitet, die Ableitung gleich Null gesetzt und nach x aufgelöst werden. Es wird die Menge y_{opt} gesucht, bei der die Gesamtkosten ein Minimum erreichen.

$$\frac{\delta C}{\delta y} = \frac{1}{2} * p * l - \frac{X}{y^2} * b = 0 \Leftrightarrow \frac{1}{2} * p * l = \frac{X}{y^2} * b$$

$$\Leftrightarrow y^2 = \frac{2 * X * b}{p * l}$$

$$\Leftrightarrow y_{opt} = \sqrt{\frac{2 * X * b}{p * l}}$$

Dass die Lager- und Bestellkosten bei der optimalen Losgröße gleich hoch sind, kann nachgewiesen werden, indem die optimale Losgröße jeweils in die Lagerkosten- bzw. Bestellkostenfunktion eingesetzt wird:

$$C_L^{opt} = \frac{y_{opt}}{2} * p * l = \frac{\sqrt{\frac{2 * X * b}{p * l}}}{2} * p * l = \sqrt{\frac{\frac{2 * X * b * p^2 * l^2}{p * l}}{\frac{4}{1}}} = \sqrt{\frac{2 * X * b * p^2 * l^2}{4 * p * l}}$$

$$= \sqrt{\frac{X * b * p * l}{2}}$$

$$C_B^{opt}(x) = \frac{X}{y_{opt}} * b = \frac{X}{\sqrt{\frac{2*X*b}{p*l}}} * b = \sqrt{\frac{\frac{X^2*b^2}{1}}{\frac{2*X*b}{p*l}}} = \sqrt{\frac{X^2*b^2*p*l}{2*X*b}}$$

$$= \sqrt{\frac{X*b*p*l}{2}}$$

Man sieht, dass sich bei optimaler Bestellmenge die Lager- und Bestellkosten entsprechen.

Um nachzuweisen, dass an der ermittelten Stelle ein Gesamtkostenminimum vorliegt, muss die zweite Ableitung der Gesamtkostenfunktion gebildet werden. Ist diese größer Null, so liegt ein Gesamtkostenminimum vor.

Aufgabenteil b) (5 Punkte)
Der Verlauf der Bestell-, Lager und Gesamtkosten ist nachfolgend dargestellt. Bei der optimalen Bestellmenge erreicht die Gesamtkostenfunktion ihr Minimum. Hierbei ist zu beachten, dass sich Bestell- und Lagerkosten bei der optimalen Bestellmenge entsprechen.

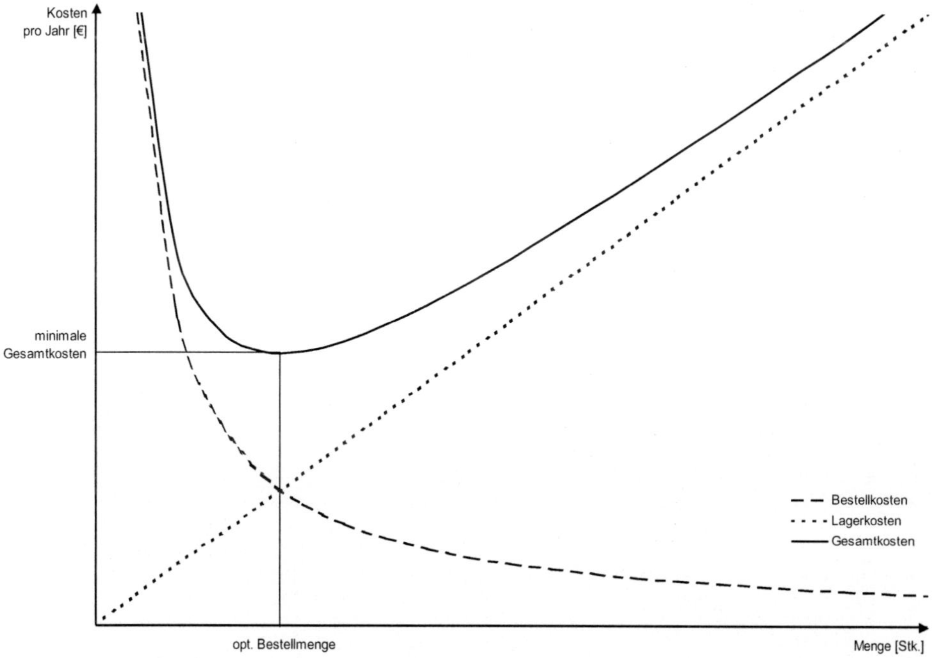

Aufgabenteil c) (8 Punkte)
Mit den gegebenen Daten ergibt sich die optimale Losgröße wie folgt:

$$\Leftrightarrow y_{opt} = \sqrt{\frac{2*80.000*500€}{6,5€*0,04}} = 17.541,16$$

unter der Prämisse, dass nur ganze Stücke bestellt werden können, sind 17.542 Stück zu bestellen.

Bestellungen pro Jahr:

$$n_{opt} = \sqrt{\frac{X*p*l}{2*b}} = \sqrt{\frac{80.000*6,5€*0,04}{2*500€}} = 4,56 \text{ oder}$$

$$n_{opt} = \frac{X}{y_{opt}} = \frac{80.000}{17.541,16} = 4,56$$

Es sind 5 Bestellungen pro Jahr nötig. Zur nachfolgenden Bestimmung der Kosten ist jedoch mit dem genauen Wert, hier 4,56 bzw. 80.000/17.542 zu rechnen, da Kosten periodenbezogen ermittelt werden und der Teil der letzten Bestellung, der erst im nachfolgenden Jahr verbraucht wird, kostenrechnerisch nicht dem aktuell betrachteten Jahr zugeordnet werden darf. Es ergeben sich folgende Kosten:

Lagerkosten

$$C_L^{opt} = \frac{y_{opt}}{2}*p*l = \frac{17.542}{2}*6,5€*0,04 = 2.280,46€$$

Beschaffungskosten

$$C_B^{opt} = \frac{X}{x_{opt}}*b = \frac{80.000}{17.542}*500€ = 2280,24€$$

Hierbei ist zu beachten, dass sich die Differenz in den Nachkommastellen durch den ganzzahligen Ansatz der optimalen Bestellmenge von 17.542 ergibt.

Gesamtkosten

$$C_{ges}^{opt} = C_L^{opt} + C_B^{opt} = 2.280,46€ + 2.280,24€ = 4.560,70€$$

Aufgabenteil d) (3 Punkte)

- Heuristiken können, z. B. per Zufall, eine optimale Lösung generieren.
- Heuristiken haben jedoch nicht den Anspruch, eine optimale Lösung zu generieren.
- Es ist der Anspruch der Heuristik, eine hinreichend gute Lösung zu generieren.
- I. d. R. ist es ebenfalls Anspruch einer Heuristik, diese hinreichend guten Lösungen mit geringerem Aufwand zu erreichen, als exakte Verfahren. Ebenfalls ist es möglich, dass für bestimmte Problemstellungen keine exakten Lösungsverfahren existieren und die Heuristik somit für die Lösung eines Problems alternativlos ist.

Aufgabenteil e) (7 Punkte)

e.1) Mit der Silver-Meal-Heutristik wird der Ansatz verfolgt, die Gesamtkosten je Periode des Bestellzeitraums zu minimieren.

e.2) Das Stückkostenverfahren hingegen versucht die Stückkosten pro Bestellung zu minimieren.

e.3) Das Cost-Balancing-Verfahren dient zur Minimierung der Gesamtkosten bis zu einem gegebenen Zeithorizont.

e.4) Die Entscheidungsregel beim Stückkostenverfahren lautet: Bestelle in der Bestellperiode die Menge, die bis zu der Periode ausreicht, in der der Quotient aus Gesamtkosten (Zähler) und Gesamtbestellmenge (Nenner) kleiner ist, als der gleiche Quotient der nachfolgenden Periode. Formal ausgedrückt:

Bestelle die Menge $\sum_{\tau=t_b}^{t} N_\tau$ für den Verbrauch bis zu der Periode t, in der der gilt:

$$\frac{\sum_{\tau=t_b}^{t}(\tau - t_b) * k_L * N_\tau + \overline{K_B}}{\sum_{\tau=t_b}^{t} N_\tau} < \frac{\sum_{\tau=t_b}^{t+1}(\tau - t_b) * k_L * N_\tau + \overline{K_B}}{\sum_{\tau=t_b}^{t+1} N_\tau}$$

e.5) Bei dem Cost-Balancing-Verfahren nimmt man an, dass sich auch bei schwankender Nachfrage, analog zur klassischen Losgrößenformel, Beschaffungs- und Lagerkosten im Optimum entsprechen.

e.6) Da die Lagerkosten den Bestellkosten im Normalfall beim Cost-Balancing-Verfahren nie genau entsprechen, wird die Gleichung

$$\sum_{\tau=t_b}^{t}(\tau - t_b) * k_L * N_\tau = K_B$$

durch die Ungleichung

$$\sum_{\tau=t_b}^{t-1}(\tau - t_b) * k_L * N_\tau \leq K_B \leq \sum_{\tau=t_b}^{t}(\tau - t_b) * k_L * N_\tau$$

ersetzt. Es muss allerdings entschieden werden, ob bei einer Bestellung für die Periode mitbestellt werden soll, in der die Lagerkosten gerade die Bestellkosten pro Bestellvorgang übersteigen oder ob nur für die vorherige Periode mitbestellt wird, in der die Lagerkosten die Bestellkosten gerade unterschreiten. Ein pragmatischer Lösungsansatz sieht vor, dass man die Periode mit in die Bestellung aufnimmt, in der die Differenz zwischen den Lagerkosten und den Beschaffungskosten im Betrag am geringsten ist.

e.7) Bei allen drei Verfahren wird die vereinfachende Annahme getroffen, dass Lieferung und Nachfrage jeweils am Beginn einer Periode anfallen.

Aufgabenteil f) (27 Punkte)

Die Tabelle zur Ermittlung der Bestellzeitpunkte und Bestellmengen ist nachfolgend abgebildet:

A	B	C	D	E	F	G	H	
t_b	t	N_τ	$\sum_{\tau=t_b}^{t} N_\tau$	$K_L =$ $(t - t_b) * k_L * N_\tau$	K_L kumuliert	$K_{ges.} =$ $K_{L,kum} + K_B$	$\dfrac{\sum_{\tau=t_b}^{t}(\tau - t_b) * k_L * N_\tau + K_B}{t - t_b + 1}$	
1	1	1.600	1.600	0,00	0,00	500,00	500,00	
1	2	2.400	4.000	52,80	52,80	552,80	276,40	
1	3	4.000	8.000	176,00	228,80	728,80	242,93	! Min
1	4	4.800	12.800	316,80	545,60	1.045,60	261,40	
4	4	4.800	4.800	0,00	0,00	500,00	500,00	
4	5	10.400	15.200	228,80	228,80	728,80	364,40	! Min
4	6	8.800	24.000	387,20	616,00	1.116,00	372,00	
6	6	8.800	8.800	0,00	0,00	500,00	500,00	
6	7	7.200	16.000	158,40	158,40	658,40	329,20	
6	8	5.600	21.600	246,40	404,80	904,80	301,60	
6	9	3.200	24.800	211,20	616,00	1.116,00	279,00	! Min
6	10	4.800	29.600	422,40	1.038,40	1.538,40	307,68	
10	10	4.800	4.800	0,00	0,00	500,00	500,00	
10	11	17.600	22.400	387,20	387,20	887,20	443,60	
10	12	9.600	32.000	422,40	809,60	1.309,60	436,53	
10	13	1.600	33.600	105,60	915,20	1.415,20	353,80	
10	14	2.400	36.000	211,20	1.126,40	1.626,40	325,28	! Min
10	15	4.000	40.000	440,00	1.566,40	2.066,40	344,40	

$k_L = 0{,}022$ $K_B = 500$

Daraus ergibt sich:

- Eine Bestellung von 8.000 Stk. am 1.1. für 3 Monate,
- Eine Bestellung von 15.200 Stk. am 1.4. für 2 Monate,
- Eine Bestellung von 24.800 Stk. am 1.6. für 4 Monate,
- Eine Bestellung von 36.000 Stk. am 1.10. für 5 Monate.

Hierbei ist zu beachten, dass ab dem dreizehnten Monat die Planzahlen des ersten Jahres dupliziert werden.

Aufgabe 10: Steiner-Weber-Ansatz

Aufgabenteil a) (3 Punkte)
Wovon gehen quantitative Methoden der Standortplanung in der Regel aus?

- Sie stellen den Standortfaktor *Transportkosten* in den Mittelpunkt der Betrachtung. Diese sollen minimiert werden.
- Primäre Abhängigkeit der Transportkosten vom Abstand des Lagerstandortes zu den Ziel- bzw. Produktionsorten wird unterstellt.
- Der Kostenanfall erfolgt i. d. R. proportional zur Luftlinien-Entfernung, ggf. unter Einsatz eines Umwegfaktors.
- In Verknüpfung mit proportionalem Kostenanfall zur Entfernung entspricht der transportkostenminimale dem entfernungsminimalen Standort.

Was ist das Ziel des Steiner-Weber-Ansatzes?

- Die Bestimmung eines zentralen Standortes.
- Die Minimierung der Transportkosten.

Aufgabenteil b) (7 Punkte)
Der Steiner-Weber-Ansatz geht von folgenden Annahmen aus:

- Die Anzahl der möglichen Lagerstandorte ist unbeschränkt; d. h. jeder Punkt in dem betrachteten Gebiet kommt somit als Standort in Frage.
- Im betrachteten Gebiet befinden sich n Absatzorte; die Position der Absatzorte ist bekannt. Jeder Absatzort wird vom gesuchten Lagerstandort aus beliefert.
- Legt man ein Gitternetz über die Erdoberfläche, so sind der Standort und die verschiedenen Absatzorte durch jeweils zwei Koordinatenwerte eindeutig bestimmt.
- Die im zugrunde gelegten Planungszeitraum absetzbaren Gütermengen sind bekannt. Es liegt ferner vorab fest, wie sich diese Mengen auf die möglichen Bezugsorte verteilen.
- Die Transportkosten zwischen dem Lager und den Absatzorten wachsen proportional mit der zu befördernden Menge und der zu überbrückenden Entfernung Sie betragen je transportierter Mengen- und Entfernungseinheit einheitlich c Geldeinheiten.
- Vorgelagerte Transportkosten, z. B. zwischen Werk und Lager, bleiben unberücksichtigt. Bei mehr als einer Fabrik/Produktionsstätte kann man diese mit in die Planungen einbeziehen (bei einer Produktionsstätte entsprechen sich sonst Lager und Produktionsstandort).
- Die Entfernungen zwischen einem möglichen Standort und den vorgegebenen Absatzorten sind proportional zu den euklidischen Distanzen, sprich zu den Luftlinienentfernungen.

Aufgabenteil c) (8 Punkte)
Ermittlung der Entfernung d zwischen Zentrallager und Produktionsstandort:

- Grundsätzlich gilt in einem rechtwinkligen Dreieck, dass das Hypotenusenquadrat der Summe der Kathetenquadrate entspricht. Formal ausgedrückt gilt: $a^2+b^2=c^2$
- Bei zwei Standorten mit den Koordinaten (x,y) und (x_A,y_A) können die Katheten auch als ($x-x_A$) und ($y-y_A$) ausgedrückt werden (s. Skizze).
- Die Luftlinienentfernung d entspricht der Hypotenuse des rechtwinkligen Dreiecks, so dass gilt: $d^2 = (x - x_A)^2 + (y - y_A)^2$.
- Für die Entfernung ergibt sich: $d = \sqrt{(x - x_A)^2 + (y - y_A)^2}$

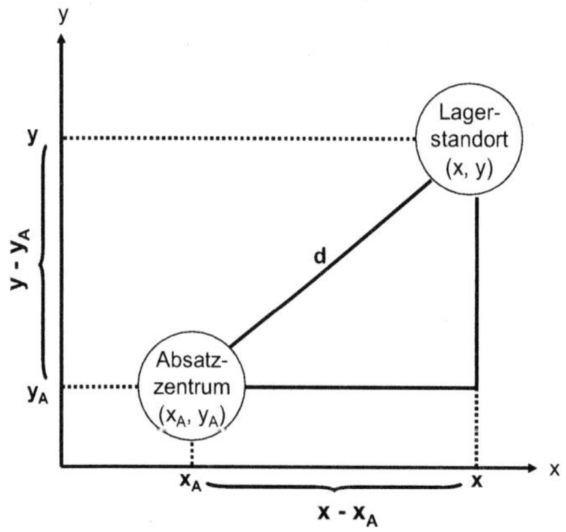

Aufgabenteil d) (3 Punkte)
Die Zielfunktion Z lautet:

$$Z(x,y) = g \cdot \sum_{i=1}^{3} m_i \cdot \sqrt{(x - x_i)^2 + (y - y_i)^2}$$

Aufgabenteil e) (8 Punkte)
Vorgehen beim Steiner-Weber-Ansatz:

- Die Kostenfunktion Z muss partiell nach x und y abgeleitet werden und die Ableitungen = 0 gesetzt werden.
- Prüfung, ob die Matrix der 2. Ableitung positiv definit ist, um ein Kostenminimum nachzuweisen.
- Das Gleichungssystem ist nicht direkt zu lösen, so dass das Iterationsverfahren nach Miehle zum Einsatz kommt.
- Die Ableitungen sind nach x und y umzuformen, so dass die im Zähler der Summe stehenden Variablen x und y isoliert werden. Die sich ergebenden Formeln können der Aufgabenstellung entnommen werden.

- Es sind Startwerte x^0 und y^0 für die Iteration festzusetzen. Der Startwert ist in der Regel jeweils der Schwerpunkt des Systems.
- Der Startwert wird in die rechte Seite der Formeln 1a und 1b der Aufgabenstellung eingesetzt, um neue Werte für x und y (hier: x^1 und y^1) zu ermitteln.
- Die so ermittelten Werte werden wiederum in die rechte Seite der Formeln 1a und 1b der Aufgabenstellung eingesetzt, um neue Werte für x und y zu erhalten.
- Die Iteration wird fortgesetzt, bis hinreichend genaue Werte für x und y ermittelt wurden.

Aufgabenteil f) (6 Punkte)
Kritische Annahmen beim Steiner-Weber-Ansatz:

- Nur Transportkosten finden Berücksichtigung. Sinnvoll ist es jedoch nicht einen transportkostenminimale Standort zu finden, sondern einen gesamtkostenoptimalen. Nur bei transportkostenintensiven Unternehmen dürften sich gesamtkostenoptimal und transportkostenoptimal weitestgehend entsprechen.
- Die Daten zu den beliefernden Mengeneinheiten gehen stark aggregiert in die Berechnung ein. Die Realität zeichnet sich in der Regel durch eine viel größere Zahl an Absatzorten aus.
- Die Homogenität des betrachteten Gebiets wird vorausgesetzt. Die reale Struktur des Gebietes inklusive der Verkehrsinfrastruktur wird nicht berücksichtigt. Ergibt die Planung einen Standort in einem unwegsamen Gelände, z. B. auf einem Berg oder in einem See, so ist dieser nicht realisierbar.
- Die Annahme, dass keine Kosten zwischen Produktionsstandort und Zentrallager anfallen ist nicht realistisch. Insbesondere bei nur einem angenommenen Produktionswerk eignet sich der Steiner-Weber-Ansatz eher dazu, eine transportoptimale Produktionsstätte zu identifizieren bzw. zu überprüfen, inwieweit ein Produktionswerk mit angeschlossenem Lager kostengünstig gelegen ist.
- Um einen optimalen Standort zu ermitteln, müssen die zu transportierenden Mengen nicht nur bekannt, sondern auch statisch sein. Das bedeutet, dass die Einflüsse der Standortwahl auf die Ertragsseite ausgeklammert werden. Zukünftige Mengensteigerungen oder die Erschließung neuer Absatzstandorte dürften für das Gesamtunternehmen positiv sein, finden in dem statischen Analyse-Ansatz jedoch keine Berücksichtigung.
- Die Annahme, dass die Entfernung zwischen den relevanten Orten zu ihren Luftlinien-Entfernungen proportional ist, ist zweifelhaft. Sie wird es nur sein, wenn das Verkehrsnetz sehr engmaschig ist oder die Entfernungen zum Großteil unabhängig von einem bestehenden Straßennetz sind (z. B. bei Lufttransporten). Bei Berücksichtigung uneinheitlicher Umwegfaktoren wäre die ermittelte Lösung jedoch nicht optimal.
- Weitere einschränkende Nebenbedingungen für die Standortentscheidung (z. B. Grundstücksgröße, Grundstückskosten oder örtliche Steuern) können nicht einbezogen werden.

Aufgabenteil g) (23 Punkte)
Ermittlung des Schwerpunkts:

Es gilt allgemein: 2a) $x^0 = \frac{\sum_i m_i \cdot x_i}{\sum_i m_i}$ und 2b) $y^0 = \frac{\sum_i m_i \cdot y_i}{\sum_i m_i}$

Mit den gegebenen Werten der Aufgabenstellung ergibt sich somit folgender Schwerpunkt:

$$x^0 = \frac{50*2+40*5+10*1}{50+40+10} = \frac{310}{100} = 3{,}1$$

$$y^0 = \frac{50*1+40*5+10*5}{50+40+10} = \frac{300}{300} = 3{,}0$$

Berechnung des ersten Iterationsschritts:

Es gilt allgemein: 1a) $x = \frac{\sum_{i=1}^{n} \frac{m_i x_i}{\sqrt{(x-x_i)^2+(y-y_i)^2}}}{\sum_{i=1}^{n} \frac{m_i}{\sqrt{(x-x_i)^2+(y-y_i)^2}}}$ und

$$\text{1b)}\quad y = \frac{\sum_{i=1}^{n} \frac{m_i \cdot y_i}{\sqrt{(x-x_i)^2+(y-y_i)^2}}}{\sum_{i=1}^{n} \frac{m_i}{\sqrt{(x-x_i)^2+(y-y_i)^2}}}$$

Mit den gegebenen Werten der Aufgabenstellung ergeben sich folgende Werte für den ersten Iterationsschritt:

$$x^1 = \frac{\frac{50*2}{\sqrt{(3{,}1-2)^2+(3-1)^2}} + \frac{40*5}{\sqrt{(3{,}1-5)^2+(3-5)^2}} + \frac{10*1}{\sqrt{(3{,}1-1)^2+(3-5)^2}}}{\frac{50}{\sqrt{(3{,}1-2)^2+(3-1)^2}} + \frac{40}{\sqrt{(3{,}1-5)^2+(3-5)^2}} + \frac{10}{\sqrt{(3{,}1-1)^2+(3-5)^2}}}$$

$$\Leftrightarrow x^1 = \frac{\frac{100}{\sqrt{5{,}21}} + \frac{200}{\sqrt{7{,}61}} + \frac{10}{\sqrt{8{,}41}}}{\frac{50}{\sqrt{5{,}21}} + \frac{40}{\sqrt{7{,}61}} + \frac{10}{\sqrt{8{,}41}}} \approx \frac{119{,}76}{39{,}85} \approx 3{,}01$$

$$y^1 = \frac{\frac{50*1}{\sqrt{(3{,}1-2)^2+(3-1)^2}} + \frac{40*5}{\sqrt{(3{,}1-5)^2+(3-5)^2}} + \frac{10*5}{\sqrt{(3{,}1-1)^2+(3-5)^2}}}{\frac{50}{\sqrt{(3{,}1-2)^2+(3-1)^2}} + \frac{40}{\sqrt{(3{,}1-5)^2+(3-5)^2}} + \frac{10}{\sqrt{(3{,}1-1)^2+(3-5)^2}}}$$

$$\Leftrightarrow y^1 = \frac{\frac{50}{\sqrt{5{,}21}} + \frac{200}{\sqrt{7{,}61}} + \frac{50}{\sqrt{8{,}41}}}{\frac{50}{\sqrt{5{,}21}} + \frac{40}{\sqrt{7{,}61}} + \frac{10}{\sqrt{8{,}41}}} \approx \frac{111{,}65}{39{,}85} \approx 2{,}80$$

Nimmt man nicht die selbst ermittelten Startwerte, sondern die in der Aufgabenstellung vorgegebenen Werte von x^0=2,10 und y^0=3,00 ergeben sich für den ersten Iterationsschritt folgende Werte:

$$x^1 = \frac{\frac{50*2}{\sqrt{(2{,}1-2)^2+(3-1)^2}} + \frac{40*5}{\sqrt{(2{,}1-5)^2+(3-5)^2}} + \frac{10*1}{\sqrt{(2{,}1-1)^2+(3-5)^2}}}{\frac{50}{\sqrt{(2{,}1-2)^2+(3-1)^2}} + \frac{40}{\sqrt{(2{,}1-5)^2+(3-5)^2}} + \frac{10}{\sqrt{(2{,}1-1)^2+(3-5)^2}}}$$

$$\Leftrightarrow x^1 = \frac{\frac{100}{\sqrt{4{,}01}} + \frac{200}{\sqrt{12{,}41}} + \frac{10}{\sqrt{5{,}21}}}{\frac{50}{\sqrt{4{,}01}} + \frac{40}{\sqrt{12{,}41}} + \frac{10}{\sqrt{5{,}21}}} \approx \frac{111{,}09}{40{,}70} \approx 2{,}73$$

$$y^1 = \frac{\frac{50*1}{\sqrt{(2{,}1-2)^2+(3-1)^2}} + \frac{40*5}{\sqrt{(2{,}1-5)^2+(3-5)^2}} + \frac{10*5}{\sqrt{(2{,}1-1)^2+(3-5)^2}}}{\frac{50}{\sqrt{(2{,}1-2)^2+(3-1)^2}} + \frac{40}{\sqrt{(2{,}1-5)^2+(3-5)^2}} + \frac{10}{\sqrt{(2{,}1-1)^2+(3-5)^2}}}$$

$$\Leftrightarrow y^1 = \frac{\frac{50}{\sqrt{4{,}01}} + \frac{200}{\sqrt{12{,}41}} + \frac{50}{\sqrt{5{,}21}}}{\frac{50}{\sqrt{4{,}01}} + \frac{40}{\sqrt{12{,}41}} + \frac{10}{\sqrt{5{,}21}}} \approx \frac{103{,}65}{40{,}70} \approx 2{,}55$$

Die Koordinaten nach dem ersten Iterationsschritt lauten für x^1 = 3,01 (alternativ: 2,73) und für y^1 = 2,80 (alternativ: 2,55).

Aufgabe 11: Savings-Verfahren

Aufgabenteil a) (10 Punkte)
Was ist Planungsgegenstand der Tourenplanung?

- welche Orte (oder Kunden) in einer Tour sind,
- in welcher Reihenfolge (also Route),
- durch wie viele Fahrzeuge
- vom Lager aus mit den beauftragten Waren beliefert werden sollen.

Worin liegt der Unterschied zwischen einer Route und einer Tour?

- Eine Tour beschreibt die Menge von Orten, die auf einer Fahrt, beginnend und endend in Lager angefahren werden.
- Die Reihenfolge, in der die Kunden einer Tour zu bedienen sind, bezeichnet man als Route.

Was ist das Ziel der Tourenplanung?

- Das Ziel ist die Transportkostenminimierung (bei Erfüllung der Aufgabe).

Welche Indikatoren werden eingesetzt?

- Maß für die (variablen) Transportkosten sind i. d. R. die Fahrtstrecke, die Luftlinienentfernung oder die Fahrzeit.

Warum werden Indikatoren eingesetzt?

- Die eigentlichen Transportkosten (wie z. B. Kraftstoffkosten oder Abnutzungskosten der Fahrzeuge) sind nicht immer zuverlässig oder nur mit erhöhtem Kostenaufwand zu ermitteln. Aus diesem Grund werden Indikatoren angewendet, deren Ermittlung leichter fällt.

Aufgabenteil b) (15 Punkte)
Unterstützende Skizze, Alternative 1

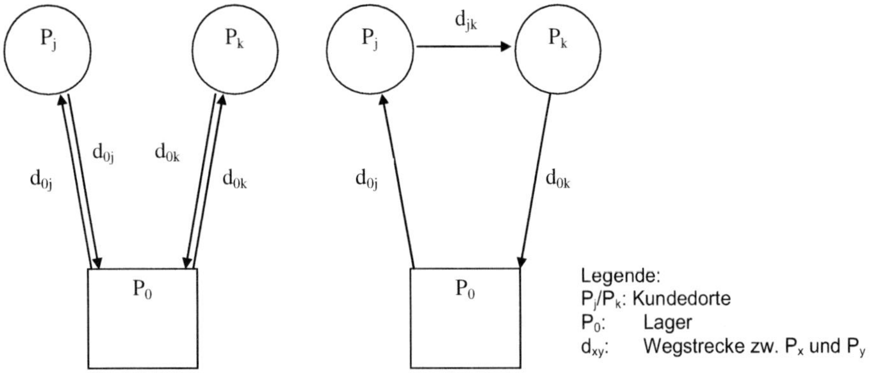

(a) (b)

Unterstützende Skizze, Alternative 2

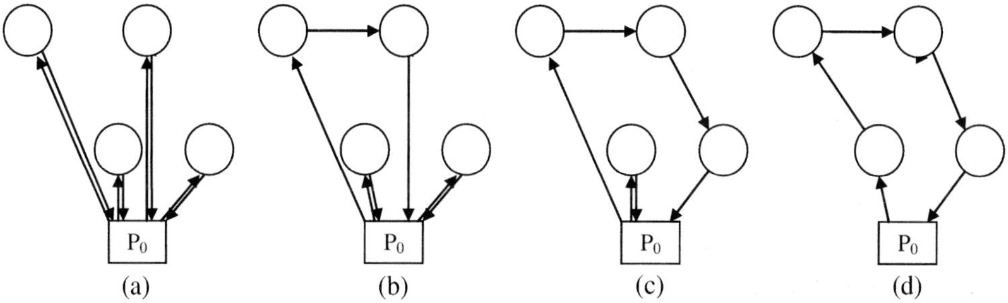

Das Grundprinzip des Savings-Verfahrens lässt sich folgendermaßen beschreiben:

- Es handelt sich um eine Heuristik, die eine zulässige, aber nicht notwendigerweise optimale Reihenfolge, generiert.
- Es wird die Ersparnis berechnet, die entsteht, wenn man statt die Kunden einzeln zu beliefern diese in einer Tour zusammenfasst (siehe Skizze).
- Die ersparte Wegstrecke zwischen zwei Kunden wird als Savings-Wert der Verbindung zwischen den Kunden bezeichnet. Dieser ergibt sich aus den wegfallenden Strecken (d_{0j} + d_{0k}) und der zusätzlich zu fahrenden Strecke (d_{jk}).
- Es werden solche Kunden in eine Tour aufgenommen, die Endkunden einer Tour/Pendeltour sind und durch die die größte Wegstreckenersparnis entsteht.
- Entsprechend der Wegstreckenersparnis wird eine Kostenersparnis unterstellt.
- Die Touren werden so lange erweitert, bis keine Wegstreckenersparnis mehr möglich ist oder gegebene Restriktionen, z. B. eine vorgegebene Tourdauer oder die Fahrzeugkapazität, erreicht sind.

Aufgabenteil c) (15 Punkte)

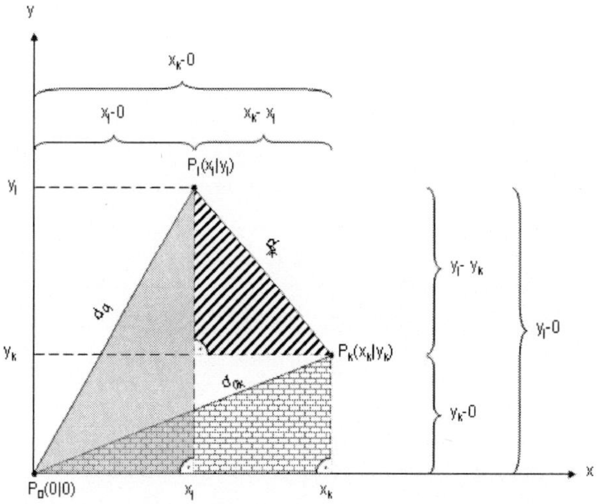

Erläuterungen:

- Die Wegstrecken d zwischen den Punkten P_0,P_j und P_k lassen sich mittels des Satzes von Pythagoras ausdrücken.
- Der Satz des Pytagoras besagt, dass im rechtwinkligen Dreieck das Quadrat der Hypotenuse (c) der Summe aus den Quadraten der Katheten (a und b) entspricht. Formal ausgedrückt gilt: $c^2 = a^2 + b^2$. Für die Länge einer Hypotenuse im rechtwinkligen Dreieck gilt daher

  $c = \sqrt{a^2 + b^2}$.
- d_{0j} ist die Hypotenuse im hellgrauen Dreieck, die Katheten haben die Länge x_j und y_j. Für die Länge der Hypotenuse im grünen Dreieck gilt daher:

  $d_{0j} = \sqrt{x_j^2 + y_j^2}$
- Es ist d_{0k} die Hypotenuse im gekachelten rechtwinkligen Dreieck. Die Katheten haben die Länge x_k und y_k (s. Skizze). Für die Länge der Hypotenuse d_{0k} ergibt sich somit:

  $d_{0k} = \sqrt{x_k^2 + y_k^2}$
- Im schraffierten Dreieck ist d_{jk} die Hypothenuse. Die Katheten haben die Länge $x_j - x_k$ und $y_j - y_k$ (s. Skizze), so dass gilt:

  $d_{jk} = \sqrt{(x_j - x_k)^2 + (y_j - y_k)^2}$
- Gemäß Aufgabenteil b) gilt für die Wegstreckenersparnis bzw. das Savings: $s_{jk} = d_{0j} + d_{0k} - d_{jk}$.
- Setzt man die oben ermittelten Terme für d_{0j}, d_{0k} und d_{jk} ein, ergibt sich für die ersparte Wegstrecke:

  $s_{jk} = \sqrt{x_j^2 + y_j^2} + \sqrt{x_k^2 + y_k^2} - \sqrt{(x_j - x_k)^2 + (y_j - y_k)^2}$.

Aufgabenteil d) (20 Punkte)
In einem ersten Schritt sollten die Standorte des Koordinatensystems in einer Tabelle erfasst werden:

Standort	*x*	*y*
0	0	0
1	3	2
2	1	1
3	-2	2
4	-3	-3
5	2	-3

Anhand der Formel

$$d_{jk} = \sqrt{(x_j - x_k)^2 + (y_j - y_k)^2}$$

Können die Distanzen d_{xy} zwischen den einzelnen Standorten ermittelt werden. Konkret ergibt sich:

$$d_{jk} = \sqrt{(x_j - x_k)^2 + (y_j - y_k)^2}$$

Berechnung zweite Matrix-Zeile:

$$\begin{aligned} d_{1,2} &= \sqrt{(3 - 1)^2 + (2 - 1)^2} = \sqrt{5} \approx 2{,}24 \\ d_{1,3} &= \sqrt{(3-(-2))^2 + (2 - 2)^2} = \sqrt{25} = 5{,}00 \\ d_{1,4} &= \sqrt{(3-(-3))^2 + (2-(-3))^2} = \sqrt{61} \approx 7{,}81 \\ d_{1,5} &= \sqrt{(3 - 2)^2 + (2-(-3))^2} = \sqrt{26} \approx 5{,}10 \end{aligned}$$

Berechnung dritte Matrix-Zeile:

$$\begin{aligned} d_{2,3} &= \sqrt{(1-(-2))^2 + (1 - 2)^2} = \sqrt{10} \approx 3{,}16 \\ d_{2,4} &= \sqrt{(1-(-3))^2 + (1-(-3))^2} = \sqrt{32} \approx 5{,}66 \\ d_{2,5} &= \sqrt{(1 - 2)^2 + (1-(-3))^2} = \sqrt{17} \approx 4{,}12 \end{aligned}$$

Berechnung vierte Matrix-Zeile:

$$\begin{aligned} d_{3,4} &= \sqrt{((-2)-(-3))^2 + (2-(-3))^2} = \sqrt{26} \approx 5{,}10 \\ d_{3,5} &= \sqrt{((-2) - 2)^2 + (2-(-3))^2} = \sqrt{41} \approx 6{,}40 \end{aligned}$$

Es ergibt sich damit folgende Distanzenmatrix:

d_{jk}	0	1	2	3	4	5
0	0,00	3,61	1,41	2,83	4,24	3,61
1		0,00	***2,24***	***5,00***	***7,81***	***5,10***
2			0,00	***3,16***	***5,66***	***4,12***
3				0,00	***5,10***	***6,40***
4					0,00	5,00
5						0,00

Die Werte der Savings-Matrix ließe sich ermitteln, indem die Werte der Koordinatentabelle (s. o.) in die in Aufgabenteil c) hergeleitete Formel für s_{jk}

$$s_{jk} = d_{0j} + d_{0k} - d_{jk}$$

eingesetzt werden.

Da s_{jk} sich jedoch aus den wegfallenden Strecken d_{0j} und d_{0k} sowie der zusätzlich zu fahrenden Strecke d_{jk} ergibt und diese Strecken bereits alle in der Distanzenmatrix ermittelt wurden, ist es effizienter, die Savingswerte anhand der Werte aus der Distanzenmatrix direkt zu ermitteln:

$$s_{jk} = d_{0j} + d_{0k} - d_{jk}$$

$s_{12} = 3{,}61 + 1{,}41 - 2{,}24 = 2{,}78$
$s_{13} = 3{,}61 + 2{,}83 - 5{,}00 = 1{,}44$
$s_{14} = 3{,}61 + 4{,}24 - 7{,}81 = 0{,}04$
$s_{15} = 3{,}61 + 3{,}61 - 5{,}10 = 2{,}12$
} Berechnung der erst Zeile der Savingsmatrix

$s_{23} = 1{,}41 + 2{,}83 - 3{,}16 = 1{,}08$
$s_{24} = 1{,}41 + 4{,}24 - 5{,}66 = -0{,}01$
$s_{25} = 1{,}41 + 3{,}61 - 4{,}12 = 0{,}90$
} Berechnung der zweiten Zeile der Savingsmatrix

$s_{34} = 2{,}83 + 4{,}24 - 5{,}10 = 1{,}97$
$s_{35} = 2{,}83 + 3{,}61 - 6{,}40 = 0{,}04$
} Berechnung der dritten Zeile der Savingsmatrix

$s_{45} = 4{,}24 + 3{,}61 - 5{,}00 = 2{,}85$ Berechnung der vierten Zeile der Savingsmatrix

Hierbei ist zu beachten, dass es im Vergleich zur exakten Formel für s_{jk} zu Rundungsdifferenzen kommen kann. So ergibt sich z. B. für s_{24} eigentlich ein durch Rundungsfehler bedingter Wert von -0,01.

Ein negatives Savings ist allerdings weder sinnvoll, es würde bedeuten, durch das Zusammenfügen zweier Kunden verlängert sich die Fahrstrecke, noch möglich, dass ein Savings-Wert nach der exakten Berechnungsmethode negativ wird.

Aufgrund der Dreiecksungleichung, diese besagt, dass die Summe aus zwei Seiten eines Dreiecks (hier d_{0j} und d_{0k}) immer länger ist, als die verbleibende Seite (hier d_{jk}), kann d_{jk} nie länger sein, als d_{0j} und d_{0k} zusammen. Ein Wert von Null sagt aus, dass die beiden Seiten d_{0j} und d_{0k} des Dreiecks exakt so lang sind, wie die verbleibende Seite d_{jk}. Das ist aber nur möglich, wenn kein Dreieck im eigentlichen Sinn mehr vorliegt, sondern alle drei Orte auf einer Geraden liegen. Das ist, wenn man das Koordinatensystem aus der Aufgabenstellung betrachtet, bei den Orten P_0, P_2 und P_4 genau der Fall.

So ist es auch verständlich, dass sich mittels der exakten Berechung ein Wert von Null ergibt:

$$s_{jk} = \sqrt{1^2 + 1^2} + \sqrt{(-3)^2 + (-3)^2} - \sqrt{(1-(-3))^2 + (1-(-3))^2} = \sqrt{2} + \sqrt{18} - \sqrt{32} = 0$$

In die Savings-Matrix sollten aus diesen Gründen auch kein negativer Wert eingetragen werden:

s_{jk}	1	2	3	4	5
1	-----	2,78	1,44	0,04	2,12
2		-----	1,08	0,00	0,90
3			-----	1,97	0,04
4				-----	2,85
5					-----

Aufgabenteil e) (20 Punkte)

Es ist folgende Savings-Matrix gegeben:

s_{jk}	1	2	3	4	5
1	-----	3,82	0,76	0,29	3,59
2		-----	1,31	0,04	2,06
3			-----	0,65	0,06
4				-----	1,08
5					-----

Nach der Höhe der Savingswerte werden die Ortspaare in absteigender Reihenfolge sortiert. Es ergibt sich folgende Prioritätenliste

lfd. Nummer	1	2	3	4	5	6	7	8	9
Auslieferungs-ort j	1	1	2	2	4	1	3	1	3
Auslieferungs-ort k	2	5	5	3	5	3	4	4	5

Zu den einzelnen Orten werden folgende Mengeneinheiten geliefert:

Ort Nr.	gelieferte Einheiten
1	5 ME
2	4 ME
3	5 ME
4	2 ME
5	6 ME

Es muss geprüft werden:

1. ob die Kunden jeweils Endkunden einer Tour/Pendeltour sind und
2. ob die LKW-Kapazität (13 ME) für die Tour ausreichend ist.

Nachfolgend sind die einzelnen Iterationen des Savings-Verfahrens aufgeführt:

1. Iterationsschritt:

- Die Orte 1 und 2 sind Endkunden einer Tour
- Zur Belieferung wird eine Kapazität von 5 ME + 4 ME = 9 ME benötigt.
- Die Kapazität des LKW (13 ME) reicht aus

⇒ Die Orte 1 und 2 können zu der Tour 0,1,2,0 mit der Liefermenge 9 ME verbunden werden.

2. Iterationsschritt:

- Die Orte 1 und 5 sind Endkunden einer Tour
- Zur Belieferung wird eine Kapazität von 9 ME + 6 ME = 15 ME benötigt.
- Die Kapazität des LKW (13 ME) reicht nicht aus

⇒ Die Orte 1, 2 und 5 können nicht zu der Tour 0,5,1,2,0 verbunden werden.

3. Iterationsschritt:

- Die Orte 2 und 5 sind Endkunden einer Tour
- Zur Belieferung wird eine Kapazität von 9 ME + 6 ME = 15 ME benötigt.
- Die Kapazität des LKW (13 ME) reicht nicht aus

⇒ Die Orte 1, 2 und 5 können nicht zu der Tour 0,1,2,5,0 verbunden werden.

4. Iterationsschritt:

- Die Orte 2 und 3 sind Endkunden einer Tour
- Zur Belieferung wird eine Kapazität von 9 ME + 5 ME = 14 ME benötigt.
- Die Kapazität des LKW (13 ME) reicht nicht aus

⇒ Die Orte 1, 2 und 3 können nicht zu der Tour 0,1,2,3,0 verbunden werden.

5. Iterationsschritt:

- Die Orte 4 und 5 sind Endkunden einer Tour
- Zur Belieferung wird eine Kapazität von 2 ME + 6 ME = 8 ME benötigt.
- Die Kapazität des LKW (13 ME) reicht aus

⇒ Die Orte 4 und 5 können zu der Tour 0,4,5,0 mit der Liefermenge 8 ME verbunden werden.

6. Iterationsschritt:

- Die Orte 1 und 3 sind Endkunden einer Tour
- Zur Belieferung wird eine Kapazität von 9 ME + 5 ME = 14 ME benötigt.
- Die Kapazität des LKW (13 ME) reicht nicht aus

⇒ Die Orte 1, 2 und 3 können nicht zu der Tour 0,3,1,2,0 verbunden werden.

7. Iterationsschritt:

- Die Orte 3 und 4 sind Endkunden einer Tour
- Zur Belieferung wird eine Kapazität von 5 ME + 8 ME = 13 ME benötigt.
- Die Kapazität des LKW (13 ME) reicht aus

⇒ Die Orte 3,4 und 5 können zu der Tour 0,3,4,5,0 mit der Liefermenge 13 ME verbunden werden.

Da alle Orte nun in einer Tour aufgenommen wurden und der Zusammenschluss der Touren mit 22 ME die Ladekapazität des LKW überschreitet, kann das Iterationsverfahren an dieser Stelle abgebrochen werden.

Um die Länge der einzelnen Touren zu ermitteln, müssen die Distanzen zwischen den einzelnen Orten (s. Distanzenmatrix) addiert werden:

Tour 0,1,2,0:

Die in Längeneinheiten (LE) gemessene Tour 0,1,2,0 setzt sich zusammen aus den Einzelstrecken d_{01}, d_{12} und d_{02} der Distanzenmatrix und beträgt:

3,00 LE + 1,14 LE + 2,24 LE = 6,65 LE

Tour 0,3,4,5,0:

Die Tour 0,3,4,5,0 setzt sich aus den Einzelstrecken d_{03}, $d_{34,}$ $d_{45,}$und d_{05} zusammen:

2,24 LE + 3,00 LE + 3,16 LE + 2,83 LE = 11,23 LE

Gesamtlänge:

Die Gesamtlänge beider Touren ist somit:

6,65 LE + 11,23 LE = 17,88 LE

Aufgabe 12: Bestellmengenverfahren

Aufgabenteil a) (12 Punkte)
Kerngedanke des Bestellpunktmodells:

- Es ist dann zu bestellen, wenn durch Verbrauch die Lagermenge auf einen bestimmten Bestand gesunken ist.

Stellungnahme zu den Begriffen Mindestbestand und Bestellbestand:

- Der Bestellbestand ist die Menge, bei deren Erreichung eine Bestellung ausgelöst wird.
- Diese Menge des Bestellbestandes wird oft auch Mindestbestand genannt.
- Der Begriff „Mindestbestand" ist missverständlich, da nach der Bestellung weiterer Verbrauch stattfinden kann, und die Lagermenge unter den „Mindestbestand" sinken würde.

Grundformen des Bestellrhythmusmodells:

- Grundform 1: Es wird immer nach einer Zeitperiode Z nachbestellt.
- Grundform 2: Es wird nach einer Zeitperiode Z geprüft, ob der Bestand unterhalb eines Meldebestands liegt. Ist das der Fall, wird nachbestellt.

Wahl der Bestellmenge:

- Die Bestellmenge kann konstant sein (d. h. es wird immer die gleiche Menge bestellt).
- Die Bestellmenge kann variabel sein (so dass zum Lieferungszeitpunkt möglichst eine bestimmte Menge vorrätig ist).

Aufgabenteil b) (18 Punkte)
Aussage 1: Bestellrhythmusmodell mit variablen Bestellmengen bis zu einem Höchstbestand für AZ-Güter:

- A-Güter haben einen hohen Wertanteil. Ein Höchstbestand an A-Gütern ist daher mit hohen Lagerkosten (insbes. Opportunitätskosten) verbunden.
- Der Verbrauch von Z-Gütern ist schlecht vorhersagbar, die Beobachtung des Bestandes nur zu bestimmten Zeitpunkten daher mit der Gefahr von Fehlmengenkosten verbunden.
- Um Fehlmengenkosten zu vermeiden, wäre ggf. ein hoher Sicherheitsbestand notwendig, der wiederum bei A-Gütern mit hohen Lagerkosten einhergeht.
- Das Bestellrhythmusmodell mit variablen Bestellmengen bis zu einem Höchstbestand ist für AZ-Güter nicht geeignet.

Aussage 2: Bestellrhythmusmodell mit variablen Bestellmengen bis zum Höchstbestand für CZ-Güter

- C-Güter haben einen geringen Wertanteil. Ein Höchstbestand an C-Gütern ist unkritisch, solange keine Kosten für zusätzlichen Lagerraum anfallen.
- Der Verbrauch von Z-Gütern ist schlecht vorhersagbar, die Beobachtung des Bestandes nur zu bestimmten Zeitpunkten daher mit der Gefahr von Fehlmengenkosten verbunden.

- Um Fehlmengenkosten zu vermeiden, ist ein hoher Sicherheitsbestand notwendig, der bei C-Gütern (Prämisse wie oben) nur geringe Opportunitätskosten verursacht.
- Beim Bestellrhythmusmodell können Bestellungen mehrerer Güter beim gleichen Lieferanten zusammengefasst und damit Bestellkosten eingespart werden.
- Das Bestellrhythmusmodell ist unter den Prämissen „hoher Sicherheitsbestand“ und „genug Lagerkapazität“ für CZ-Güter geeignet.
- Alternativ: ohne genug Lagerkapazität und mit nur geringem Sicherheitsbestand ist das Modell für CZ-Güter nicht geeignet.
- Evtl. kann auch ein Bestellpunktmodell mit hohem Bestellbestand/Sicherheitsbestand sinnvoll eingesetzt werden.

Aussage 3: „Die Bestellverfahren ‚Cost-Balancing' und ‚Silver-Meal-Heuristik' sind für CX-Güter grundsätzlich und sinnvoll einsetzbar“.

- Voraussetzung für Cost-Balancing und Silver-Meal-Heuristik ist, dass der Verbrauch prognostizierbar ist. Das ist bei CX-Gütern der Fall, die Verfahren sind grundsätzlich einsetzbar.
- Die Verfahren Cost-Balancing und Silver-Meal-Heuristik sind mit hohem Rechenaufwand/Implementierungsaufwand verbunden.
- Daraus resultieren ggf. Akzeptanzprobleme bei den Mitarbeitern.
- Einfache Modelle, z. B. das Bestellpunktmodell mit konstanter Bestellmenge, sind einfacher einsetzbar.

Aufgabenteil c) (15 Punkte)

Skizze a)

- Die Bestellung erfolgt immer bei einer bestimmten Bestellmenge.
- Die Zeiträume zwischen den Bestellzeitpunkten sind unterschiedlich lang.
- Es wird eine variable Menge genau bis zu einer bestimmten Höchstmenge bestellt.
- Die Zeit zwischen Bestellung und Lieferung ist immer gleich lang.
- Es handelt sich um ein Bestellpunktmodell mit bekannter und konstanter Lieferzeit, so dass exakt eine variable Menge bis zum Höchstbestand bestellt werden kann.

Skizze b)

- Die Bestellung erfolgt immer bei einer bestimmten Bestellmenge.
- Die Zeiträume zwischen den Bestellzeitpunkten sind unterschiedlich lang.
- Es wird eine konstante Menge ohne exakten Höchst- oder Niedrigstbestand bestellt.
- Die Zeit zwischen Bestellung und Lieferung ist unterschiedlich lang.
- Es handelt sich um ein Bestellpunktmodell mit konstanter Bestellmenge und unterschiedlich langer Lieferzeit.
- Die Lieferzeit ist vermutlich unbekannt, da sonst kostengünstiger variable Menge bestellbar wäre.

Skizze c)

- Die Zeit zwischen zwei Bestellungen ist immer konstant.
- Die auf Lager liegende Menge ist zum Bestellzeitpunkt unterschiedlich.
- Es wird eine variable Menge genau bis zu einer bestimmten Höchstmenge bestellt.
- Die Zeit zwischen Bestellung und Lieferung ist immer gleich lang.
- Es handelt sich um ein Bestellrhythmusmodell mit konstanter Lieferzeit, so dass exakt eine variable Menge bis zum Höchstbestand bestellt werden kann.

Aufgabenteil d) (15 Punkte)

Die konstante Abgangsgeschwindigkeit beträgt 63 Stk. / 7 Tage = 9 Stk. pro Tag.

Die Lieferung erfolgt in 7 Tagen.

Da die Bestellperiode immer 12 Tage lang ist, vergehen von der Lieferung (L1) bis zur nächsten Bestellung (B2) (12 – 7 Tage) = 5 Tage.

Von der nächsten Bestellung (B2) bis zur nächsten Lieferung (L2) vergehen (7 + 3) Tage = 10 Tage.

Es muss insgesamt ein Zeitraum zwischen den Lieferungszeitpunkten L1 und L2 von (5 + 10) = 15 Tagen überbrückt werden.

Bei einer Abgangsgeschwindigkeit von 9 Stück pro Tag sind 9 * 15 = 135 Stück zum Bestellzeitpunkt B1 (heute) zu bestellen.

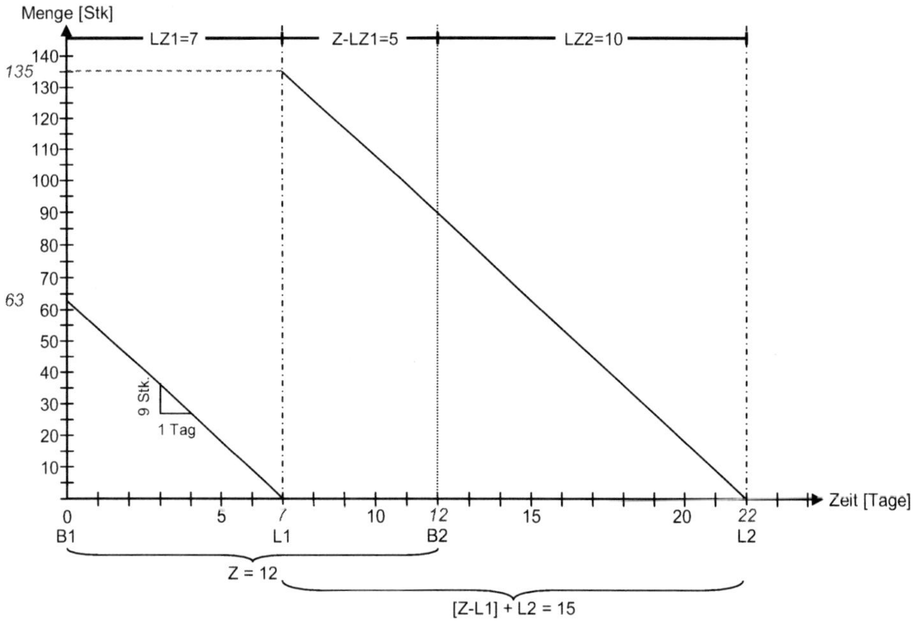

Marketingcontrolling

Aufgabe 13: Portfolioanalysen

Aufgabenteil a) (10 Punkte)
Produktlebenszykluskonzept und BCG-Portfolio.

- Im BCG-Portfolio werden zwei Dimensionen betrachtet, relativer Marktanteil und Marktwachstum.
- Das Produktlebenszykluskonzept dient der Erklärung des Marktwachstums.
- Das Produktlebenszykluskonzept geht davon aus, dass ein Produkt Phasen steigenden, stagnierenden und fallenden Absatzes durchläuft.
- Dabei werden fünf Phasen abgegrenzt: Einführung, Wachstum, Reife, Sättigung und Degeneration.
- Für diese lassen sich jeweils Aussagen zu Umsatz, Gewinn und Marketing-Maßnahmen machen.
- Dabei werden für die frühen Lebenszyklusphasen (Einführung, Wachstum und frühe Reife) wachsende Märkte unterstellt.
- Für die späteren Phasen werden stagnierende (Reife und frühe Sättigung) oder schrumpfende Märkte (Sättigung und Degeneration) unterstellt.
- Für sich genommen besitzt das Lebenszykluskonzept nur einen geringen Erklärungsbeitrag, da die Phasen erst ex post genau bestimmbar sind.
- Es existieren unterschiedliche Lebenszyklen für Produktgruppen und einzelne Produkte in diesen Gruppen.
- Daher bietet das Lebenszyklusmodell nur eine gedankliche Erklärungshilfe für die Portfolioerstellung und -interpretation.

Aufgabenteil b) (16 Punkte)
Beschreibung der Normstrategien und Zuordnung zu den Produkten:

Questionmarks:

- Junge Produkte am Anfang ihres Lebenszyklusses mit niedrigem Marktanteil bei gleichzeitig hohem Marktwachstum.
- Marktanteilsausweitung durch Offensivstrategien empfohlen.
- Ziel ist das Setzen von Markteintrittsbarrieren und eine schnelle Marktanteilsausweitung.
- Die Aroma Grand ist ein Beispiel für ein solches Produkt.

Stars:

- Hoher Marktanteil bei schnell wachsendem Markt.
- Erwirtschaften bereits hohe Cashflows, dennoch weitere strategische Offensive empfohlen.

- Der Mittelzufluss ist daher geringer als die benötigten Mittel für eine weitere Marktanteilsausdehnung.
- Die Café de Paris ist dieser Gruppe zuzuordnen.

Cash Cows:

- Hoher Marktanteil bei gleichzeitig niedrigem Marktwachstum.
- Sie haben dem Erfahrungskurveneffekt entsprechend einen bedeutenden Kostenvorteil und erwirtschaften hohe Überschüsse.
- Diese sollten in die Stars oder in viel versprechende Questionmarks investiert werden.
- Die Cafe Roma ist ein Beispiel für eine Cash Cow.

Poor Dogs:

- Befinden sich dem Produktlebenszyklus gemäß in der Degenerationsphase des Marktes, der Marktanteil ist relativ gering und der Markt schrumpft eher als er wächst, daher können sie von Erfahrungskurveneffekten kaum profitieren.
- Überschüsse, die erwirtschaftet werden, dienen lediglich dem Erhalt der Marktposition.
- Es wird eine Eliminierung dieser Produkte empfohlen, sofern keine Absatzverbundeffekte bestehen. Poor Dogs binden langfristig nur Ressourcen, die anderweitig produktiver eingesetzt werden können.
- Die Aroma Intern ist ein Produkt, dass sich im Poor Dog-Bereich der Matrix befindet.

Aufgabenteil c) (34 Punkte)
Auswirkungen der Normstrategien auf andere Funktionsbereiche:

Produktion:

Für die **Questionmarks und die Stars** werden Offensivstrategien empfohlen, die eine Absatzsteigerung und Marktanteilsausweitung bewirken sollen.

Für die Erreichung dieses Ziels ist mit einer Ausweitung der Produktion zu rechnen.

Vermutlich wird es zu Verschiebungen des Produktionsprogramms kommen, da eine Ausweitung bei diesem Produkt die relative Bedeutung der anderen Produkte ändert.

Durch die Änderung der relativen Deckungsbeiträge, die damit einhergeht, kann sich die Produktionsplanung völlig verschieben.

Außerdem spielen die bestehenden Produktionskapazitäten eine wesentliche Rolle.

Wenn bereits an der Kapazitätsgrenze produziert wird, muss eventuell über Investitionen zur Ausweitung der Produktionskapazität nachgedacht werden.

Allerdings sind vor diesem Schritt die langfristige Markt- und Absatzentwicklung sowie die finanzielle Lage der Gastronomie-Division zu berücksichtigen.

Für die Cafe Roma als **Cash Cow** wird eine Haltestrategie empfohlen, die eine Fortführung der laufenden Maßnahmen bedingt.

Dadurch ergeben sich zunächst keine Änderungen in der Produktion.

Gegebenenfalls ergeben sich Anpassungen bei einer Durchführung von Produktvariation oder -differenzierung.

Auch für die Aroma Intern, den **Poor Dog** der Division, ergibt sich zunächst keine Änderung, da ein positiver Umsatz erwirtschaftet wird.

Anders sieht dies jedoch aus, wenn der Deckungsbeitrag des Produktes tatsächlich negativ ist.

Dann sollte das Produkt eliminiert werden, sofern keine Produktions- oder Absatzverbundeffekte bestehen.

Bei einer Eliminierung werden bislang gebundene Ressourcen frei, die für andere Produkte genutzt werden können.

Gegebenenfalls werden jedoch auch einige Maschinen(-teile) obsolet, die damit abzuschreiben sind.

Beschaffung/Logistik:

Bei einer Ausweitung der Produktion bzw. des Vertriebs für **Questionmark und Star** (Aroma Grand bzw. Café de Paris) werden die Kapazitäten der Beschaffung und der Logistik belastet.

In Bezug auf die Logistik ist fraglich, ob genügend Lagerraum und genügend Distributionskapazitäten zur Verfügung stehen oder ob hier eine kostensteigernde Kapazitätsausweitung notwendig wird.

Gegebenenfalls entstehen dadurch Fixkostensprünge, die in die Kalkulation einer solchen Ausweitung einbezogen werden müssen.

In Bezug auf die Beschaffung ist fraglich, ob die benötigten Einzelteile, insbesondere vorgefertigte Teile (z. B. Kaffeekannen), zum gegebenen Zeitpunkt, in der benötigten Menge und zu einem vertretbaren Preis beschaffbar sind.

Allerdings ist auch die Erzielung von Größeneffekten durch größere Beschaffungsmengen möglich.

Analog zur Produktion ergeben sich für die **Cash Cows** auch in der Beschaffung und Logistik nur bei anstehender Produktvariation oder -differenzierung Änderungen.

Auch für die Aroma Intern (**Poor Dog**) gibt es nur Änderungen, wenn die Produktion tatsächlich eingestellt wird.

Dann werden auch hier Ressourcen frei, v. a. Lager- und Transportkapazität.

Personal:

Ceteris paribus ist bei einer Offensivstrategie für **Aroma Grand und Café de Paris** eine Verstärkung des Personals im Vertrieb bzw. bei einer Produktionsausweitung auch in der Produktion und eventuell auch in der Logistik notwendig.

Hier ist fraglich, ob die benötigten neuen Mitarbeiter mit den richtigen Qualifikationen am Arbeitsmarkt verfügbar sind.

Außerdem müssen die Kosten für Einstellungsverfahren und Beschäftigung im Vergleich zum erwarteten Nutzen vertretbar sein.

Ein weiterer Punkt wäre eine Übertragung freier Personalkapazitäten von einem anderen Produkt der Division auf die Questionmarks und Stars.

Dadurch entstehen allerdings eventuell Personalentwicklungskosten.

Eine Übertragung ist jedoch nur bei einer deutlichen Reduzierung im Bereich der Aroma Intern möglich.

Auch im Personalbereich ergeben sich für die **Cash Cows** keine wesentlichen Änderungen.

Auch für die **Aroma Intern**, also für eine Maschine im **Poor Dog**-Bereich, ergeben sich nur Änderungen, wenn tatsächlich die Produktion im Rahmen der Normstrategiebefolgung eingestellt wird.

Dann müssen gegebenenfalls Arbeitskräfte, die auf die Produktion dieses einen Produktes spezialisiert sind, umgeschult werden, um für die anderen Produkte einsetzbar zu sein.

Mitarbeiter, die nicht umgeschult werden können, müssen gegebenenfalls freigesetzt werden.

Beispielsweise wäre ein Einsatz für Vertrieb und Produktion von Questionmarks und Stars denkbar, sofern dort eine Ausweitung stattfindet.

Aufgabe 14: Erlösabweichungsanalyse

Aufgabenteil a) (10 Punkte)
Erlösbeeinflussende Faktoren der Abweichungsursachenanalyse:

Die Faktoren werden in exogene und endogene Faktoren eingeteilt:

a) Exogene Faktoren:
   a1) Veränderung des Preisniveaus der Branche (In- oder Deflation)
   a2) Veränderung des Marktvolumens der Branche (Wachstum oder Schrumpfung)

b) Endogene Faktoren:
   b1) Falsche Einschätzung der Marktreaktion aufgrund unvorhersehbarer Ereignisse (Planabweichung)
   b2) Nichtrealisation des Soll-Preises (Realisationsabweichung)
   b3) Veränderung der Effektivität der Preispolitik (Preis-Effektivitätsabweichung)
   b4) Veränderung der Effektivität des übrigen Marketing-Mix (Marketing-Effektivitäts-abweichung)

Kritikpunkte:

- Probleme bei der Datengewinnung
- näherungsweise Marktreaktionsfunktionen
- Abweichungen stellen keine letztgültige Wahrheit dar, sondern besitzen lediglich eine Hinweisfunktion
- zu sehr auf Marketingerfordernisse zugeschnitten
- Komplexität
- geringe Verbreitung in der Praxis

Aufgabenteil b) (40 Punkte)

	Produkte	Café de Paris	Aroma Grand	Aroma Intern	Cafe Roma	Σ
Planwerte	Menge$_p$	432,00	372,00	132,00	**264,00**	1.200,00
	Mixanteil$_p$	0,36	**0,31**	0,11	0,22	1,00
	Preis$_p$	1.400,00	1.200,00	450,00	1.600,00	--
	Umsatz$_p$	604.800,00	446.400,00	59.400,00	422.400,00	**1.533.000,00**
	variable Kosten$_p$	1.200,00	1.000,00	350,00	1.000,00	--
	Deckungsbeitrag$_p$	**86.400,00**	74.400,00	13.200,00	158.400,00	**332.400,00**
Istwerte	Menge$_i$	374,00	341,00	143,00	242,00	1.100,00
	Mixanteil$_i$	0,34	**0,31**	**0,13**	0,22	1,00
	Preis$_i$	1.400,00	1.200,00	450,00	1.500,00	**--**
	Umsatz$_i$	**523.600,00**	409.200,00	64.350,00	363.000,00	1.360.150,00
	variable Kosten$_i$	1.250,00	1.000,00	375,00	1.000,00	--
	Deckungsbeitrag$_i$	56.100,00	68.200,00	10.725,00	121.000,00	256.025,00
Erlösabweichungsanalyse	Umsatzabweichung	-81.200,00	**-37.200,00**	4.950,00	-59.400,00	-172.850,00
	Preisabweichung rein	0,00	**0,00**	0,00	**-26.400,00**	-26.400,00
	Mengenabweichung	-81.200,00	**-37.200,00**	4.950,00	**-35.200,00**	-148.650,00
	Sekundäre Abweichung	0,00	**0,00**	0,00	**2.200,00**	2.200,00
	Preisabweichung kum.	0,00	**0,00**	0,00	-24.200,00	-24.200,00
	Mixabweichung	-30.800,00	**0,00**	9.900,00	0,00	-20.900,00
	Volumenabweichung	**-50.400,00**	-37.200,00	-4.950,00	-35.200,00	**-127.750,00**

Verwendete Abkürzungen für alle Produkte j = 1, …, n:

p_{ij}	= Ist-Preis des Produktes j
p_{pj}	= Plan-Preis des Produktes j
ma_{ij}	= Ist-Mixanteil des Produktes j an der gesamten Absatzmenge x_i
ma_{pj}	= Plan-Mixanteil des Produktes j an der gesamten Absatzmenge x_p
x_{ij}	= Ist-Absatzmenge des Produktes j
x_{pj}	= Plan-Absatzmenge des Produktes j
x_i	= Ist-Absatzmenge aller Produkte kumuliert
x_p	= Plan-Absatzmenge aller Produkte kumuliert
kv_{pj}	= geplante variable Kosten des Produktes j
DB_{pj}	= geplanter Deckungsbeitrag des Produktes j
U_{pj}	= Planumsatz des Produktes j

Berechnung der einzelnen Zellen:

$$\text{Deckungsbeitrag}_p(\text{Café de Paris}) = (p_{pj} - kv_{pj}) \cdot x_{pj}$$

$$= (1.400,00 - 1.200,00) \cdot 432 = 86.400,00$$

$$\text{Mixanteil}_p(\text{Aroma Grand}) = x_{ij} \div x_i = 372 \div 1.200 = 0,31$$

$$\text{Menge}_p(\text{Cafe Roma}) = 1.200 - 432 - 372 - 132 = 264$$

$$\text{Umsatz}_p = \sum_{j=1}^{n} U_{pj} = 604.800,00 + 446.400,00 + 59.400,00 + 422.400,00 = 1.533.000,00$$

$$\sum DB_p = \sum_{j=1}^{n} DB_{pj} = 86.400,00 + 74.400,00 + 13.200,00 + 158.400,00 = 332.400,00$$

$$\text{Umsatz}_i(\text{Café de Paris}) = x_{ij} \cdot p_{ij} = 374 \cdot 1.400,00 = 523.600,00$$

$$\text{Mixanteil}_i(\text{Aroma Grand}) = x_{ij} \div x_i = 341 \div 1.100 = 0,31$$

$$\text{Mixanteil}_i(\text{Aroma Intern}) = x_{ij} \div x_i = 143 \div 1.100 = 0,13$$

$$\sum \text{Preise}_i = \sum_{j=1}^{n} p_{ij} = 0$$

$$\text{Volumenabweichung}(\text{Café de Paris}) = p_{pj} \cdot ma_{pj} \cdot (x_i - x_p)$$
$$= 1.400,00 \cdot 0,36 \cdot (1.100 - 1.200) = -50.400,00$$

$$\text{Umsatzabweichung}(\text{Aroma Grand}) = p_{ij} \cdot x_{ij} - p_{pj} \cdot x_{pj}$$
$$= 1.200,00 \cdot 341 - 1.200,00 \cdot 372 = -37.200,00$$

$$\text{Preisabweichung rein}(\text{Aroma Grand}) = (p_{ij} - p_{pj}) \cdot x_{pj} = (1.200,00 - 1.200,00) \cdot 372 = 0,00$$

$$\text{Mengenabweichung}(\text{Aroma Grand}) = (x_{ij} - x_{pj}) \cdot p_{pj} = (341 - 372) \cdot 1.200,00 = -37.200,00$$

$$\text{Sekundärabweichung}(\text{Aroma Grand}) = (x_{ij} - x_{pj}) \cdot (p_{ij} - p_{pj})$$
$$= (341 - 372) \cdot (1.200,00 - 1.200,00) = 0,00$$

$$\text{Preisabweichung kum.}(\text{Aroma Grand}) = (p_{ij} - p_{pj}) \cdot x_{ij} = (1.200,00 - 1.200,00) \cdot 341 = 0,00$$

$$\text{Mixabweichung}(\text{Aroma Grand}) = p_{pj} \cdot (ma_{ij} - ma_{pj}) \cdot x_i$$
$$= 1.200,00 \cdot (0,31 - 0,31) \cdot 1.100 = 0,00$$

$$\text{Preisabweichung rein}(\text{Cafe Roma}) = (p_{ij} - p_{pj}) \cdot x_{pj}$$
$$= (1.500,00 - 1.600,00) \cdot 264 = -26.400,00$$

$$\text{Mengenabweichung}(\text{Cafe Roma}) = (x_{ij} - x_{pj}) \cdot p_{pj} = (242 - 264) \cdot 1.600,00 = -35.200,00$$

$$\text{Sekundärabweichung}(\text{Cafe Roma}) = (x_{ij} - x_{pj}) \cdot (p_{ij} - p_{pj})$$
$$= (242 - 264) \cdot (1.500,00 - 1.600,00) = 2.200,00$$

$$\text{Volumenabweichung gesamt} = \sum_{j=1}^{n} p_{pj} \cdot ma_{pj} \cdot (x_i - x_p)$$
$$= -50.400,00 - 37.200,00 - 4.950,00 - 35.200,00 = -127.750,00$$

Aufgabenteil c) (10 Punkte)

- *Mixanteil$_i$*: Der Anteil, den die Ist-Absatzmenge der Aroma Grand an der kumulierten Gesamtabsatzmenge aller Produkte der Gastronomiedivision ausmacht, hier 31 %. Damit ist der Anteil am Absatz trotz einer Senkung der Absatzmenge gleich geblieben. Dies geht auf die insgesamt gesunkene Absatzmenge zurück.
- *Umsatzabweichung*: Die Abweichung des Ist-Umsatzes der Aroma Grand von dem geplanten Umsatz der gleichen Periode. Hier liegt der Umsatz um 37.200 € unter der Planung. Dieser Effekt geht hier ausschließlich auf den um 31 Stück unter dem Planziel liegenden Absatz zurück.
- *Preisabweichung rein*: Der Anteil der Umsatzabweichung, der nur auf eine Änderung des Ist-Preises gegenüber dem Planpreis bezogen auf die Planabsatzmenge zurückgeht. Diese Abweichung ist hier 0,00 €, da hier nur die Absatzmenge aber nicht der Ist-Preis hinter dem Plan zurückbleiben.
- *Sekundäre Abweichung*: Der Anteil der Umsatzabweichung, der auf das gemeinsame Wirken von Preis- und Mengeneffekt zurückzuführen ist. Hier 0,00 €, die aus der gemeinsamen Wirkung der negativen Mengenabweichung und des unveränderten Preises entstehen.
- *Preisabweichung kum.*: Preisabweichung der kumulativen Abweichungsanalyse. Bei dieser wird dem Preiseffekt die sekundäre Abweichung zugeschlagen, da die Mengenabweichung als wesentliche vom Marketing zu verantwortende Größe angenommen wird. Hier beträgt sie 0,00 €, da Preisabweichung *rein* und Sekundärabweichung beide 0,00 € betragen.

Investitionscontrolling

Aufgabe 15: Nutzwertanalyse

Aufgabenteil a) (10 Punkte)
Teilschritte:

1. Zielkriterienbestimmung,
2. Zielkriteriengewichtung,
3. Teilnutzenbestimmung,
4. Nutzwertermittlung und
5. Beurteilung der Vorteilhaftigkeit.

zu 1.:

- Konkretisierung von Zielen im Sinne einer stufenweisen Präzisierung
- nur operationale Zielkriterien
- Zuordnung eines Zielkriterienmaßstabs, mit dessen Hilfe der Zielerfüllungsbeitrag quantifiziert werden kann
- Art der Messung des Zielerfüllungsbeitrags: Nominal-, Ordinal- oder Kardinalskalen
- Zielkriterien müssen überschneidungsfrei sein
- Nutzenunabhängigkeit der Zielkriterien
- Zielkriteriensystem dürfen nicht zu komplex sein
- Bestimmung der Zielkriterien in der Regel durch ein Team aus den entsprechenden Fachexperten und dem Controlling

zu 2.:

- Mehrstufige Zielsysteme: Dem Zielsystem mit den gewichteten Zielkriterien ist aus der Anordnung der Kriterien die Wichtigkeit und der Einfluss auf das definierte Oberziel zu entnehmen.
- Paarweiser Kriterienvergleich: Konsistenz der Bewertungen, d. h. wenn Kriterium A wichtiger als Kriterium B und Kriterium B wichtiger als Kriterium C ist, folgt daraus, dass Kriterium C nicht wichtiger als Kriterium A sein kann (Transitivität).
- Die Gewichte der einzelnen Kriterien ergeben sich als Quotient aus der Anzahl der „Siege“ eines Kriteriums durch die Gesamtanzahl der Vergleiche.

zu 3.:

- Bestimmung der Teilnutzen der einzelnen Kriterien auf der untersten Hierarchieebene.
- Erhebung von Informationen, anhand derer eine Bewertung auf sachlicher Basis möglich ist.
- Diesen Informationen sind sodann Werte zuzuordnen, die sowohl mit Hilfe nominaler, kardinaler als auch ordinaler Bewertungsmethoden transformiert werden können.

- Die Teilnutzen der einzelnen Kriterien ermitteln sich beispielsweise als Produkt aus Punktwert und Gewichtungsfaktor.

zu 4.:

- Aggregation der Teilnutzenwerte zu einem Gesamtnutzenwert.

zu 5.:

Bewertung der Vorteilhaftigkeit der Alternativen:

- Absolute Vorteilhaftigkeit, wenn der Nutzwert über einem vorgegebenen Grenzwert liegt.
- Relative Vorteilhaftigkeit, wenn eine Handlungsalternative einen größeren Nutzwert als alle vergleichbaren Alternativen aufweist.

Aufgabenteil b) (8 Punkte)
Aus den Informationen der Aufgabe lassen sich folgende relative Gewichtungen ermitteln:

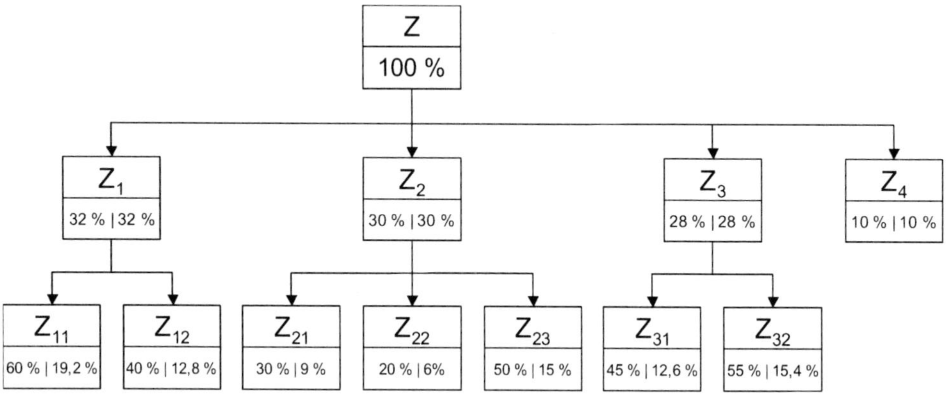

Reihenfolge

1. Z_{11}
2. Z_{32}
3. Z_{23}
4. Z_{12}
5. Z_{31}
6. Z_{4}
7. Z_{21}
8. Z_{22}

Aufgabenteil c) (12 Punkte)
zu (1): Zielkriterienbestimmung

Vorteil:

- Der systematische und weitestgehend standardisierte Ablauf von Nutzwertanalysen führt dazu, dass der Investitionsprozess besser verstanden und durchdrungen werden kann.
- Die Nutzwertanalyse ermöglicht es, bei der Bewertung von Investitionsalternativen neben den üblicherweise zu Grunde gelegten quantitativen Kriterien auch qualitative Aspekte zu berücksichtigen, die häufig gar nicht oder nur schwer in monetären Größen ausgedrückt werden können.
- Die Subjektivität bei der Datenermittlung kann minimiert werden, in dem interdisziplinäre Teams bei der Aufstellung und Gewichtung der Zielkriterien und bei der Festlegung des Zielerreichungsgrads der Investitionsalternativen zusammen arbeiten. Dies führt dazu, dass Problembereiche aus unterschiedlichen Blickwinkeln betrachtet werden und somit Entscheidungen objektiver werden.

Nachteil:

- Subjektive Einflüsse bei der Aufstellung der Zielkriterien.
- Die Prämisse unabhängiger Zielkriterien kann zu Problemen führen.

zu (2): Zielkriteriengewichtung

Vorteil:

- Gewichtung der einzelnen Kriterien ermöglicht es, situationsbezogen Schwerpunkte zu setzen.

Nachteil:

- Subjektive Einflüsse bei der Gewichtung der Zielkriterien.

zu (3): Teilnutzenbestimmung

Vorteil:

- Falls erforderlich, können Mindestteilnutzenwerte gesetzt werden, deren Unterschreitung eine Investitionsalternative unbrauchbar erscheinen lassen.

Nachteil:

- Subjektive Einflüsse bei der Festlegung des Zielerreichungsgrads können leicht zu Fehlurteilen führen bzw. dazu, dass Alternativen „schön-“ bzw. „todgerechnet“ werden.

zu (4): Nutzwertermittlung

Vorteil:

- Relativ geringe rechnerische Komplexität, mit der eine Vielzahl von Informationen zu einem (Nutz-) Wert verdichtet wird

Nachteil:

- Die Zusammenfassung zu Nutzwerten führt dazu, dass Informationen verloren gehen, die in nicht-aggregierter Form möglicherweise einen größeren Nutzen hätten.
- Eine vorbehaltslose Zusammenfassung der Teilnutzenwerte suggeriert, dass sich einzelne Kriterienausprägungen substituieren.

Zu (5): Beurteilung der Vorteilhaftigkeit

Vorteil:

- Fehlinterpretationen des Zielwertes können abgeschwächt werden, indem die Nutzwertanalyse als ergänzende Methode verstanden wird.

Nachteil:

- Erst eine kombinierte Anwendung der Nutzwertanalyse – beispielsweise in Verbindung mit den dynamischen Verfahren der Investitionsrechnung – führt zu ausreichend verlässlichen Entscheidungen.

Aufgabenteil d) (15 Punkte)

Beim Paarvergleich von Kriterien werden alle Zielkriterien, die nicht durch weitere Kriterien konkretisiert werden, verglichen. Ist ein Kriterium wichtiger als ein anderes, so wird dem wichtigeren Kriterium der Wert 1 und dem weniger wichtigen der Wert 0 zugeordnet. Wesentliche Anwendungsvoraussetzung für den Paarvergleich ist die Konsistenz der Bewertungen, d. h. wenn Kriterium A wichtiger als Kriterium B und Kriterium B wichtiger als Kriterium C ist, folgt daraus, dass Kriterium C nicht wichtiger als Kriterium A sein kann (Transitivität). Weiterhin sind gleichwertige Alternativen nicht zulässig und es müssen Vergleiche der Kriterien mit sich selbst durchgeführt werden. Die Gewichte der einzelnen Kriterien ergeben sich sodann als Quotient aus der Anzahl der „Siege" eines Kriteriums durch die Gesamtanzahl der Vergleiche.

Die Reihenfolge der Wichtigkeit der Kriterien lässt sich aus dem Aufgabentext ableiten. Dementsprechend ergeben sich aus dem paarweisen Kriterienvergleich folgende Gewichtungen.

	Karosserie	Innenraum	Motor Antrieb	Sicherheit	Umwelt	**Summe**	Gewichtung in %	Rang
Karosserie	1	1				**2**	13,33%	4
Innenraum		1				**1**	6,67%	5
Motor Antrieb	1	1	1			**3**	20,00%	3
Sicherheit	1	1	1	1	1	**5**	33,33%	1
Umwelt	1	1	1		1	**4**	26,67%	2
Summe						**15**	**100,00%**	

Aufgabenteil e) (15 Punkte)
Zunächst sind die Noten aus der Aufgabenstellung in Punktwerte zu transformieren.

Umrechnung der Noten in Punkte	Modell Stuttgart	Modell Wolfsburg	Modell München
Karosserie	5	9	7
Innenraum	7	4	7
Motor Antrieb	6	6	7
Sicherheit	8	7	8
Umwelt	9	8	8

In Verbindung mit den in Teilaufgabe zwei ermittelten Gewichten ergeben sich folgende Nutzwerte.

	Karosserie	Innenraum	Motor Antrieb	Sicherheit	Umwelt	**Summe**
Modell Stuttgart	5	7	6	8	9	
Gewichtung	13,33%	6,67%	20,00%	33,33%	26,67%	**100,00%**
Teilnutzen	0,67	0,47	1,20	2,67	2,40	**7,40**
Modell Wolfsburg	9	4	6	7	8	
Gewichtung	13,33%	6,67%	20,00%	33,33%	26,67%	**100,00%**
Teilnutzen	1,20	0,27	1,20	2,33	2,13	**7,13**
Modell München	7	7	7	8	8	
Gewichtung	13,33%	6,67%	20,00%	33,33%	26,67%	**100,00%**
Teilnutzen	0,93	0,47	1,40	2,67	2,13	**7,60**

Die Aufgabe sollte durch einen Satz wie beispielsweise „Mit einem Nutzwert von 7,60 hat das Modell München den höchsten Nutzwert und stellt daher die vorzugswürdige Alternative dar“ abgeschlossen werden.

Aufgabe 16: Dynamische Verfahren der Investitionsrechnung

Aufgabenteil a) (12 Punkte)
Die Ziele des Investitionscontrollings lauten:

- effektive und effiziente Planung, Realisation und Kontrolle von Investitionen (Sach- und Erfolgszielerreichung)
- Koordination von Einzelinvestitionen und Investitionsprogrammen
- Berücksichtigung anlagenwirtschaftlicher Aspekte
- Sicherstellung der Informationsversorgung der Entscheidungsträger

Zu jedem Ziel müssen bei der Skizzierung der Aufgabenbereiche jeweils mindestens eine Aufgabe genannt werden.

Effektive und effiziente Planung, Realisation und Kontrolle von Investitionen:

- Investitionsziele konkretisieren
- Instrumente zur strategischen Planung und Investitionsanregung bereitstellen
- Planungs- und Bewilligungsrichtlinien festlegen
- Investitionsbewertung
- Entscheidungsunterstützung/Handlungsempfehlung geben
- Projektcontrolling
- Kontrollaufgaben in allen Phasen des Investitionsprozesses: Plan-/Ist-Abweichungen, Prämissenkontrollen, Strategieüberwachung

Koordination von Einzelinvestitionen und Investitionsprogrammen:

- Koordination innerhalb des Investitionsbereichs:
  - Koordination innerhalb der Investitionsplanung
  - Koordination zwischen Investitionsplanung und -kontrolle
  - Abstimmung mit der Investitionsrechung
  - Abstimmung mit der Organisation
  - Abstimmung mit der Personalführung
- Integration des Investitionscontrollings in das Unternehmenscontrolling:
  - Koordination mit dem Unternehmenscontrolling
  - Koordination mit dem Produktionscontrolling
  - Koordination mit dem Finanzcontrolling
  - Koordination mit dem Marketingcontrolling
  - Koordination mit dem Personalcontrolling

Berücksichtigung anlagenwirtschaftlicher Aspekte:

- sach- und erfolgszielorientierte Steuerung der Objekte über den ganzen Lebenszyklus
- Aufgaben im Rahmen der Nutzung und Instandhaltung von Anlagen

- optimale Dimensionierung und Nutzung der Kapazitäten sicherstellen
- Informations- und Entscheidungsgrundlagen zur Ausmusterung von Anlagen liefern

Sicherstellung der Informationsversorgung:

- quantitativ und qualitativ ausreichende Informationen liefern
- Berichtswesen aufbauen
- Informationsbedarf ermitteln
- Informationsquellen festlegen: externe/interne

Aufgabenteil b) (28 Punkte)

Die Zahlungsreihen können ermittelt werden, indem die Informationen aus dem Text in Zahlungen überführt und ihren Zahlungszeitpunkten zugeordnet werden.

	Besucherzahlen je Stunde und ND						Erlöse je Stunde und Besucher in GE
	1	2	3	4	5	6	
Schwimmbecken	20	20	25	25	30	30	0,18
Fitnessgeräte	50	40	40	40	30	30	0,09
Sauna und Solarium	40	40	40	40	45	45	0,06

Erlöse

Schwimmbecken		6.480	6.480	8.100	8.100	9.720	9.720	
Fitnessgeräte		8.100	6.480	6.480	6.480	4.860	4.860	
Sauna und Solarium		4.320	4.320	4.320	4.320	4.860	4.860	

Anschaffungskosten

Schwimmbecken	5.200							
Fitnessgeräte	5.000							
Sauna und Solarium	4.700							

Variable Kosten		65%	65%	75%	75%	85%	85%	
Schwimmbecken		4.212	4.212	6.075	6.075	8.262	8.262	
Fitnessgeräte		5.265	4.212	4.860	4.860	4.131	4.131	
Sauna und Solarium		2.808	2.808	3.240	3.240	4.131	4.131	

Fixe Kosten

Schwimmbecken		700	700	700	700	700	700	
Fitnessgeräte		540	540	540	540	540	540	
Sauna und Solarium								

Zins: **10%**

Zahlungsreihe	0	1	2	3	4	5	6	**Kapitalwert**
Schwimmbecken	-5.200	1.568	1.568	1.325	1.325	758	758	**320,34**
Fitnessgeräte	-5.000	2.295	1.728	1.080	1.080	189	189	**287,58**
Sauna und Solarium	-4.700	1.512	1.512	1.080	1.080	729	729	**337,36**

Aus den prognostizierten Besucherzahlen je Stunde und den Betriebsstunden pro Jahr (300 Öffnungstage à 6 Stunden) ergeben sich die prognostizierten Besucherzahlen pro Jahr. Die Erlöse ergeben sich, indem die Betriebsstunden pro Jahr mit den geplanten Erlösen je Stunde und Besucher multipliziert werden.

Aus den Erlösen lassen sich anschließend die variablen Kosten der Investitionsalternativen berechnen. Schließlich sind noch die Fixkosten für das angesprochene Betreuungspersonal zu berücksichtigen.

Die Zahlungsreihe setzt sich aus der Anschaffungsauszahlung, den Erlösen, den variablen und den fixen Kosten zusammen. Bei der Berechnung der Kapitalwerte muss der in der Aufgabenstellung genannte Zinssatz von 10 % benutzt werden.

Der Aufgabenteil b) sollte durch einen Satz wie beispielsweise „Die Geschäftsführung der Morgengenuss GmbH sollte sich nach der Kapitalwertmethode für die Alternative 3 – Sauna- und Solariumbereich – entscheiden" abgeschlossen werden.

Aufgabenteil c) (10 Punkte)
Um die geforderte eine Iteration zwischen 12 % und 13 % durchführen zu können, sind zunächst die jeweiligen Kapitalwerte der Investitionsalternativen für einen Kalkulationszinsfuß von 12 % und von 13 % zu berechnen.

Variante	10%	12%	13%
Schwimmbecken	320,34	49,31	-77,98
Fitnessgeräte	287,58	84,74	-11,51
Sauna und Solarium	337,36	93,43	-21,13

Die internen Zinssätze können nun durch Einsetzen der Parameter in die Formel

$$r = i_1 + \frac{C_{0(1)}}{C_{0(1)} - C_{0(2)}} \cdot (i_2 - i_1)$$

berechnet werden.

Schwimmbecken:

$$r = 0{,}12 + \frac{49{,}31}{49{,}31 - (-77{,}99)} \cdot (0{,}13 - 0{,}12) = 0{,}1239$$

Fitnessgerätebereich:

$$r = 0{,}12 + \frac{84{,}73}{84{,}73 - (-11{,}52)} \cdot (0{,}13 - 0{,}12) = 0{,}1288$$

Sauna- und Solariumbereich:

$$r = 0{,}12 + \frac{93{,}42}{93{,}42 - (-21{,}14)} \cdot (0{,}13 - 0{,}12) = 0{,}1282$$

Der Aufgabenteil c) sollte durch einen Satz wie beispielsweise „Die Geschäftsführung der Morgengenuss GmbH sollte sich nach der internen Zinsfuß-Methode für die Alternative 2 – Fitnessgerätebereich – entscheiden“ abgeschlossen werden.

Aufgabenteil d) (10 Punkte)
Um eine abschließende Beurteilung vornehmen zu können, sind neben den gemeinsamen in erster Linie die unterschiedlichen Prämissen der Kapitalwertmethode und der internen Zinsfuß-Methode zu nennen.

Kapitalwertmethode: Gegenstand und Prämissen

- Grundausrichtung der Kapitalwertmethode ist die Gewinnmaximierung.
- Beim vereinfachenden begrenzten Vergleich wird die Prämisse gesetzt, dass sich Komplementärinvestitionen zum Kalkulationszinsfuß verzinsen.
- Verzinsung der Einzahlungsüberschüsse zum Kalkulationszinsfuß.
- Investiere, wenn $C_0 \geq 0$ gilt.
- Kapitalwert als zusätzlicher Gewinn in $t = 0$, den die Investition im Vergleich zur Anlage der Anschaffungsauszahlung zum Kalkulationszinsfuß erwirtschaftet.
- Bei mehreren sich gegenseitig ausschließenden Investitionsalternativen ist diejenige Alternative auszuwählen, die den größten Kapitalwert aufweist.

Interner Zinsfuß: Gegenstand und Prämissen

- Grundausrichtung des Internen Zinsfußes ist die Renditemaximierung.
- Anders als bei der Kapitalwertmethode erfolgt die Wiederanlage von Einzahlungsüberschüssen nicht zum Kalkulationszinsfuß, sondern zum internen Zinsfuß.
- Ziel der Internen Zinsfuß-Methode ist es, die Verzinsung des eingesetzten Kapitals zu berechnen.
- Als Zielsetzung des Investors gilt es, den internen Zinsfuß zu maximieren.
- Die Entscheidungsregel der Internen Zinsfuß-Methode besagt, dass Investitionen durchzuführen sind, wenn der interne Zinsfuß größer als der Kalkulationszinsfuß ist. Bei mehreren vorteilhaften Projekten ist dasjenige mit dem höchsten internen Zinsfuß auszuwählen.
- Um zu eindeutigen Ergebnissen zu gelangen, dürfen die Zahlungsfolgen nur einen einzigen Vorzeichenwechsel aufweisen, die Investition ist mit anderen Worten in eine Auszahlungs- und eine Einzahlungsphase zu untergliedern.

Gemeinsame Prämisse:

- vollkommener Kapitalmarkt

Interpretation der Ergebnisse:

Vor dem Hintergrund der genannten Prämissen kann ein abschließendes Urteil über die Vorteilhaftigkeit der Alternativen nicht gefällt werden, da keine Aussagen über die Zielsetzung des Investors getroffen wurde und ebenfalls keine Aussage darüber getroffen werden kann, welche Prämisse hinsichtlich der Wiederanlage als zutreffend zu bezeichnen ist.

Aufgabe 17: Vollständiger Finanzplan (VoFi)

Aufgabenteil a) (25 Punkte)
Aus den Informationen der Aufgabe lässt sich der VoFi aufstellen.

Zeitpunkt	0	1	2	3
Zahlungsfolge der Investition	-6,00	1,10	1,70	4,97
Kredit mit Ratentilgung				
+ Aufnahme	6,00			
- Tilgung		-2,00	-2,00	-2,00
- Sollzinsen		-0,30	-0,20	-0,10
Kontokorrentkredit				
+ Aufnahme		1,00	0,70	
- Tilgung				-1,70
- Sollzinsen			-0,10	-0,17
Standardanlage				
- Anlage				-0,45
+ Auflösung				
+ Habenzinsen				
Steuerzahlungen				
- Auszahlung			-0,10	-0,55
+ Erstattung		0,20		
Finanzierungssaldo	0,00	0,00	0,00	0,00
Bestandsgrößen				
Kredit mit Ratentilgung	-6,00	-4,00	-2,00	0,00
Kontokorrentkredit	0,00	-1,00	-1,70	0,00
Guthabenstand	0,00	0,00	0,00	0,45
Bestandssaldo	**-6,00**	**-5,00**	**-3,70**	**0,45**

Steuerberechnung			
Zeitpunkt	1	2	3
Zahlungsfolge der Investition	1,10	1,70	4,97
- Zinsen	-0,30	-0,30	-0,27
- Abschreibungen	-1,20	-1,20	-1,20
- Abgang Buchwert Spieler			-2,40
Steuerpflichtiger Gewinn	**-0,40**	**0,20**	**1,10**
Steuerzahlung		-0,10	-0,55
Steuererstattung	0,20		

Bei der Steuerberechnung in Periode 3 ist zu beachten, dass lediglich der nach Abzug der Abschreibung der Periode 3 und nach Abzug des Restbuchwertes verbleibende Gewinn steuerpflichtig ist.

Die Aufgabe sollte durch einen Satz wie beispielsweise „Das Investitionsprojekt weist einen Endwert von 0,45 Mio. € auf und ist somit vorteilhaft.“ abgeschlossen werden.

Aufgabenteil b) (25 Punkte)
Aus den Informationen der Aufgabe lässt sich der VoFi aufstellen.

Zeitpunkt	0	1	2	3	4	5
Zahlungsfolge der Investition	-15.250	-3.500	2.995	11.030	5.948	4.860
Eigene Mittel						
Anfangsbestand	9.000					
- Entnahme						
+ Einlage						
Kredit mit Endtilgung						
+ Aufnahme	5.000					
- Disagio	250					
- Tilgung		0	5.000			
- Sollzinsen		300	300			
Kontokorrentkredit						
+ Aufnahme	1.500	3.950	2.850			
- Tilgung		0	0	8.300		
- Sollzinsen		150	545	830		
Standardanlage						
- Anlage				1.900	6.100	5.500
+ Auflösung						
+ Habenzinsen					152	640
Finanzierungssaldo	**0**	**0**	**0**	**0**	**0**	**0**
Bestandsgrößen						
Kredit mit Endtilgung	5.000	5.000				
Kontokorrentkredit	1.500	5.450	8.300			
Guthabenstand				1.900	8.000	13.500
Bestandssaldo	**-6.500**	**-10.450**	**-8.300**	**1.900**	**8.000**	**13.500**

Die Aufgabe sollte durch einen Satz wie beispielsweise „Das Investitionsprojekt weist einen Endwert von 13.500 € auf“ abgeschlossen werden.

Aufgabenteil c) (5 Punkte)
Die benötigte Laufzeit berechnet sich folgender Maßen:

$$9000 * (1+0{,}08)^{x} = 13.500$$

$$\Leftrightarrow 1{,}08^{x} = 1{,}5$$

$$\Leftrightarrow x \cdot \lg 1{,}08 = \lg 1{,}5$$

$$\Leftrightarrow x = \frac{\lg 1{,}5}{\lg 1{,}08}$$

$$\Leftrightarrow x = 5{,}27$$

Die Opportunität weist nach 5,27 Perioden den gleichen Endwert auf wie das Investitionsprojekt.

Aufgabenteil d) (5 Punkte)
Interpretation der Ergebnisse aus d) und e)

- Der Endwert der Investition nach 5 Perioden beträgt 13.500 €, der Endwert der Opportunität nach 5 Perioden 13.224 €.
- Somit ist die Investition die vorzugswürdige Alternative.
- Die Opportunität weist allerdings bereits nach 5,27 Perioden den gleichen Endwert auf wie das Investitionsprojekt.
- Die Zahlungsüberschüsse der Investition sind risikobehaftet, während die Opportunität risikolos ist.
- Je nach Risikoneigung des Investors ist es möglicherweise sinnvoll, unterschiedliche Handlungsempfehlungen zu geben: Z. B.
  - risikoaverser Investor: Möglicherweise Vorzug der Opportunität
  - risikoneutraler/risikofreudiger Investor: Entscheidung für die Investition

Aufgabe 18: Amortisationsrechnung/Entscheidungsbaumverfahren

Aufgabenteil a) (10 Punkte)

statische Amortisationsrechnung	dynamische Amortisationsrechnung
Gegenstandsbereich und Formel: Im Rahmen der statischen Amortisationsrechnung wird der Zeitpunkt p, auch *Pay-off-Zeitpunkt* genannt, ermittelt, indem dem eingesetzten Kapital *konstante durchschnittliche Rückflüsse* gegenüber gestellt werden. $p = \frac{A}{G + AB}$ Symbole: p = Amortisationszeit A = Anschaffungsauszahlung G = Gewinn AB = Abschreibungen	**Gegenstandsbereich und Formel:** Gegenstand der dynamischen Amortisationsrechnung ist die Bestimmung desjenigen Zeitpunkts p, zu dem das eingesetzte *Kapital durch Einzahlungsüberschüsse* zurück gewonnen wurde. $C(t) = -a_0 + \sum_{t=1}^{T} z_t \cdot q^{-t} \geq 0$ Symbole: C(t) = Kapitalwert einschließlich der Zahlungen der Periode t a_0 = Anschaffungsauszahlung der Periode 0 t = Periodenindex z_t = Zahlungsüberschuss der Periode t q = Abzinsungsfaktor T = Nutzungsdauer
Prämissen: • Die *Durchschnittsrechnung geht* von gleich bleibenden jährlichen Rückflüssen aus. • Die Korrektur des durchschnittlichen Gewinns um die Abschreibungen verdeutlicht, dass bei der Amortisationsrechnung *Zahlungsgrößen* berücksichtigt werden.	**Prämissen:** • vollkommener Kapitalmarkt (Homogenität des Kapitals, d. h. keine Qualitätsunterschiede zwischen Eigen- und Fremdkapital, freier Zugang zum Kapitalmarkt, Markttransparenz der Marktteilnehmer, einheitlicher Zinssatz) • Wiederanlage von Einzahlungsüberschüssen zum Kalkulationszinsfuß
Entscheidungsregel: • Eine Investitionsalternative ist dann absolut vorteilhaft, wenn eine maximale Amortisationszeit nicht überschritten wird. • Eine relative Vorteilhaftigkeit ergibt sich aus einer geringeren Amortisationszeit zweier zu vergleichender Investitionsal-	**Entscheidungsregel:** • Eine Investition ist dann vorteilhaft, wenn ihre Amortisationszeit geringer als ein vorgegebener Grenzwert ist. • Bei konkurrierenden Investitionsalternativen erscheint diejenige Alternative vorteilhaft, die eine geringere Amortisationszeit aufweist.

ternativen.

- Die Amortisationsrechnung wird häufig ergänzend zu den anderen statischen Verfahren der Investitionsrechnung angewendet.
- Die Zielgröße „Amortisationszeit" kann als Maßstab für das Risiko von Investitionen herangezogen werden.
- In der Regel kein eigenständiges Entscheidungskriterium, weil sie keinen eigenständigen ökonomischen Zielwert liefert.
- Instrument zur Generierung von Zusatzinformationen.

Aufgabenteil b) (12 Punkte)

Periode	0	1	2	3	4	5	6
ZF Alternative A	-5.200	1.568	1.568	1.325	1.325	758	758
Kapitalwert unter Berücksichtigung der Zahlungen bis Periode t	-5.200	-3775	-2479	-1483	-578	-108	320
Pay-Off-Periode	x	x	x	x	x	x	ja
ZF Alternative B	-5000	2295	1728	1080	1080	189	189
Kapitalwert unter Berücksichtigung der Zahlungen bis Periode t	-5000	-2914	-1486	-674	64	181	288
Pay-Off-Periode	x	x	x	x	ja		

- Der Kapitalwert der Investitionsalternative A beträgt 320 GE, der Kapitalwert der Investitionsalternative B beträgt 288 GE.
- Die Pay-off-Periode der Investitionsalternative A ist Periode 6, die Pay-off-Periode der Investitionsalternative B Periode 4.

Aufgabenteil c) (10 Punkte)
Vorgehensweise:

- Bei der statischen Amortisationsrechnung werden im Rahmen der Durchschnittsrechnung mit Hilfe eines einperiodigen Verfahrens Aussagen über einen Zeitpunkt in einem mehrperiodigen Betrachtungszeitraum getroffen.
- Zeitliche Unterschiede (Zinsen/Zinseszinsen) werden aufgrund der Berücksichtigung durchschnittlicher Gewinne nicht berücksichtigt.
- Die dynamische Amortisationsrechnung berücksichtigt hingegen alle über die Nutzungsdauer einer Investition anfallenden Zahlungen zu ihren Zahlungszeitpunkten und ist insofern als realitätsnäher zu bezeichnen.
- Kritisch zu hinterfragen sind die Prämissen des vollkommenen Kapitalmarkts und der im Hinblick auf die Unsicherheit der Daten zu betreibende Aufwand bei der Datengewinnung.

Fazit: Die dynamische Amortisationsrechnung führt tendenziell zu genaueren Ergebnissen, allerdings ist ein größerer Aufwand bei der Ermittlung der benötigten Informationen zu betreiben.

Entscheidungsregel:

- Aufgrund der fehlenden Eigenständigkeit beider Zielgrößen als Entscheidungskriterium haben Amortisationsrechnungen lediglich ergänzenden Charakter.
- Deutlich wird dies am Beispiel der Aufgabe b). Die Investitionsalternative B hat zwar eine kürzere Amortisationszeit, die Investitionsalternative A jedoch den höheren Kapitalwert am Ende der Nutzungsdauer.
- Dennoch können mittels der Amortisationsrechnungen zusätzliche Erkenntnisse über Investitionen generiert werden.

Aufgabenteil d) (28 Punkte)
Berechnung der vorteilhaften Investitionsentscheidung im Entscheidungsknoten I. mit Hilfe des Rollback-Verfahrens:

1. Entscheidung in Knoten II: Verkauf des Nationalspielers Delpierre?
a) Verkauf

Konsequenz	Rückflüsse für Konsequenz	Wahrscheinlichkeit	Erwartungswert
1	5.000.000	0,2	1.000.000
2	4.000.000	0,8	3.200.000
			4.200.000
		./. zusätzliche Kosten	0
			4.200.000

b) kein Verkauf

Konsequenz	Rückflüsse für Konsequenz	Wahrscheinlichkeit	Erwartungswert
3	4.500.000	0,8	3.600.000
4	3.500.000	0,2	700.000
			4.300.000
	./. zusätzliche Kosten		0
			4.300.000

Es ist vorteilhaft, den Nationalspieler Delpierre nicht zu verkaufen.

2. Entscheidung in Knoten III: Verkauf des Nicht-Nationalspielers Delpierre?

a) Verkauf

Konsequenz	Rückflüsse für Konsequenz	Wahrscheinlichkeit	Erwartungswert
5	4.000.000	0,4	1.600.000
6	3.000.000	0,6	1.800.000
			3.400.000
		./. zusätzliche Kosten	0
			3.400.000

b) kein Verkauf

Konsequenz	Rückflüsse für Konsequenz	Wahrscheinlichkeit	Erwartungswert
7	4.500.000	0,6	2.700.000
8	2.500.000	0,4	1.000.000
			3.700.000
	./. zusätzliche Kosten		0
			3.700.000

Es ist vorteilhaft, den Nicht-Nationalspieler Delpierre nicht zu verkaufen.

3. Entscheidung in Knoten IV: Neuer Vertrag für den Nationalspieler Delpierre?

a) neuer Vertrag

Konsequenz	Rückflüsse für Konsequenz	Wahrscheinlichkeit	Erwartungswert
9	3.500.000	0,8	2.800.000
10	2.000.000	0,2	400.000
			3.200.000
		./. zusätzliche Kosten	2.000.000
			1.200.000

b) kein neuer Vertrag

Konsequenz	Rückflüsse für Konsequenz	Wahrscheinlichkeit	Erwartungswert
11	2.000.000	0,3	600.000
12	1.500.000	0,7	1.050.000
			1.650.000
	./. zusätzliche Kosten		0
			1.650.000

Es ist vorteilhaft, dem Nationalspieler Delpierre keinen neuen Vertrag zu geben.

4. Entscheidung in Knoten V: Neuer Vertrag für den Nicht-Nationalspieler Delpierre?

a) neuer Vertrag

Konsequenz	Rückflüsse für Konsequenz	Wahrscheinlichkeit	Erwartungswert
13	4.000.000	0,6	2.400.000
14	3.000.000	0,4	1.200.000
			3.600.000
		./. zusätzliche Kosten	500.000
			3.100.000

b) kein neuer Vertrag

Konsequenz	Rückflüsse für Konsequenz	Wahrscheinlichkeit	Erwartungswert
15	3.000.000	0,5	1.500.000
16	2.000.000	0,5	1.000.000
			2.500.000
	./. zusätzliche Kosten		0
			2.500.000

Es ist vorteilhaft, dem Nicht-Nationalspieler Delpierre einen neuen Vertrag zu geben.

5. Entscheidung in Knoten I: Vertragsverlängerung im Jahr 2007?

a) neuer Vertrag

Zufallsereignis	Max. aus Erwartungswert Rückflüsse	Wahrscheinlichkeit	Erwartungswert
Nationalspieler	4.300.000	0,4	1.720.000
kein Nationalspieler	3.700.000	0,6	2.220.000
			3.940.000
		./. zusätzliche Kosten	1.500.000
			2.440.000

b) kein neuer Vertrag

Zufallsereignis	Max. aus Erwartungswert Rückflüsse	Wahrscheinlichkeit	Erwartungswert
Nationalspieler	1.650.000	0,4	660.000
kein Nationalspieler	3.100.000	0,6	1.860.000
			2.520.000
	./. zusätzliche Kosten		0
			2.520.000

Es ist vorteilhaft, den Vertrag im Jahr 2007 nicht zu verlängern.

Schnittstellencontrolling

Aufgabe 19: Target Costing

Aufgabenteil a) (14 Punkte)

Das primäre Ziel des Target Costing ist, die Konkurrenzfähigkeit des Produktes durch einen am Markt erzielbaren Preis sicherzustellen. Im Mittelpunkt steht die Frage, was ein Produkt (maximal) kosten darf.

Schaubild zur Zielkostenbestimmung:

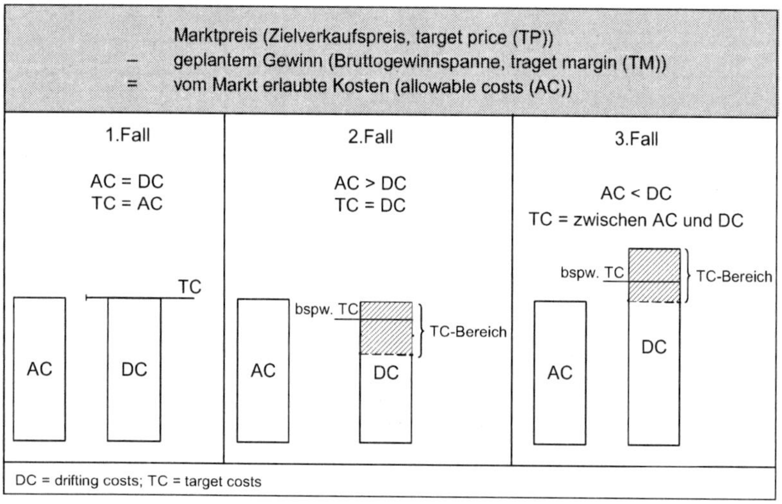

- Die vom Unternehmen maximal für ein Produkt erlaubten Kosten nennt man target costs (Zielkosten).
- Bei den allowable costs (erlaubte Kosten) handelt es sich dagegen um die Kosten, die maximal vom Markt für ein Produkt erlaubt sind.
- Unter drifting Costs (Standardkosten, estimated costs, geschätzte Kosten) sind diejenigen Kosten zu verstehen, die das Unternehmen unter Berücksichtigung des vorhandenen Wissens, der Technologien und des Verfahrensstandards für die Herstellung des Produktes veranschlagt.

Aufgabenteil b) (7 Punkte)

- Bestimmung der Funktions-/Eigenschaftsstruktur des Produktes,
- Ermittlung der Preis-/Absatz-Funktion,
- Ermittlung der allowable costs,
- Entwicklung eines Rohentwurfs für das Produkt,
- Schätzung der drifting costs und Festlegung der target costs,
- Gewichtung der Produktkomponenten sowie
- Berechnung der Zielkostenindizes und Nutzung des Zielkostendiagramms.

Aufgabenteil c) (12 Punkte)

Funktionen		
F1	Internetzugang	5,00%
F2	Medienzugriff	15,00%
F3	Schnelligkeit	20,00%
F5	Nutzerfreundlichkeit	25,00%
F7	Übersichtlichkeit	20,00%
F8	Zubehörumfang	15,00%

		F1	F2	F3	F5	F7	F8	
		Internetzugang	Medienzugriff	Schnelligkeit	Nutzerfreundlichkeit	Übersichtlichkeit	Zubehörumfang	
K1	Prozessor	0,25%	1,50%	10,00%	2,50%	0,00%	0,00%	**14,25%**
K2	Speicher	0,25%	0,00%	8,00%	2,50%	0,00%	0,00%	**10,75%**
K3	Laufwerke	0,25%	13,50%	0,00%	0,00%	0,00%	3,00%	**16,75%**
K4	Gehäuse	0,00%	0,00%	0,00%	0,00%	0,00%	0,00%	**0,00%**
K5	Maus + Tastatur	0,25%	0,00%	0,00%	7,50%	0,00%	3,00%	**10,75%**
K6	sonstiges Zubehör	3,50%	0,00%	2,00%	0,00%	4,00%	6,00%	**15,50%**
K7	Monitor	0,50%	0,00%	0,00%	12,50%	16,00%	3,00%	**32,00%**

Aufgabenteil d) (16 Punkte)

240.000 € * 0,9 - 6000 = 210.000 €

210.000 € / 350 = 600 € pro Computer

	Komponente	Nutzenanteil	neuer Nutzenanteil = tc-Nutzenanteil	tc-Kosten
K1	Prozessor	15,00%	14,40%	86,40 €
K2	Speicher	10,00%	9,60%	57,60 €
K3	Laufwerke	15,00%	14,40%	86,40 €
K4	Gehäuse	0,00%	4,00%	24,00 €
K5	Maus + Tastatur	10,00%	9,60%	57,60 €
K6	sonstiges Zubehör	20,00%	19,20%	115,20 €
K7	Monitor	30,00%	28,80%	172,80 €
Summe		100,00%	100,00%	600,00 €
		100,00%	100,00%	600,00 €

Aufgabenteil e) (11 Punkte)

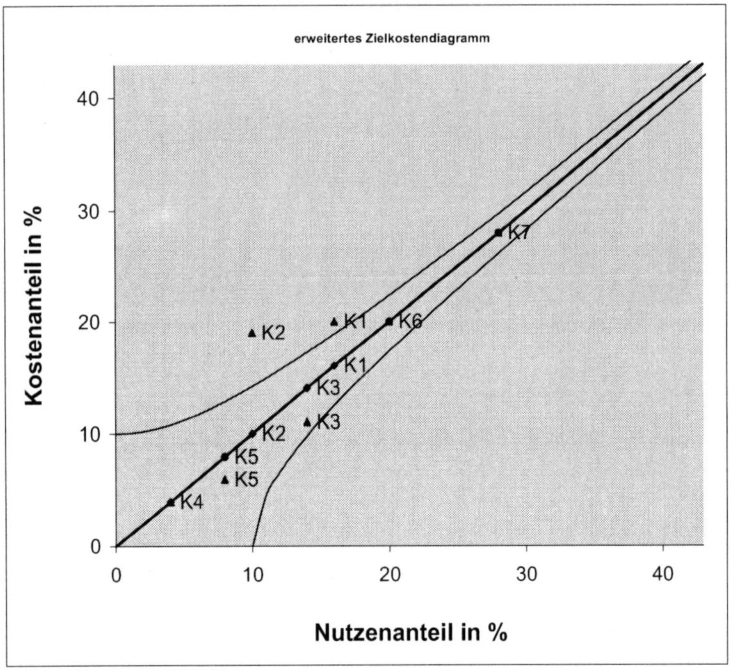

Handlungsempfehlungen:

- K4, K6 und K7 bedürfen keiner Maßnahmen.
- K1 und K2 müssen in den Kosten gesenkt werden.
- K3 und K5 sollten aufwendiger gestaltet werden.

Aufgabe 20: Prozesskostenrechnung

Aufgabenteil a) (20 Punkte)

- Die Prozesskostenrechnung als Kostenmanagementansatz bedient sich so genannter Hauptprozesskostensätze, die auf Hauptprozessen beruhen und über Kostentreiber operationalisiert werden. Die Gewinnung der Hauptprozesse mit den zugehörigen Kostentreibern erfolgt in mehreren Schritten:

  1. Schritt: Erfassung der Aktivitäten

  2. Schritt: Verdichtung der Aktivitäten zu Teilprozessen

  3. Schritt: Differenzierung nach leistungsmengeninduzierten (lmi) und leistungsmengenneutralen (lmn) Teilprozessen

  4. Schritt: Ermittlung der lmi- und lmi/lmn-Teilprozesskostensätze

  5. Schritt: Ermittlung der Hauptprozesskostensätze

- Aktivitäten = kostenstellenbezogene Tätigkeiten, welche auf unterster Hierarchieebene in der Prozesskostenrechnung angesiedelt sind und die produktionsfaktorverzehrenden Arbeitsvorgänge eines Mitarbeiters beschreiben.
- Teilprozesse = logische Zusammenfassung von kostenstellen- und mitarbeiterbezogenen Aktivitäten zu produktionsfaktorverzehrenden Arbeitsvorgängen von mehreren Mitarbeitern
- Hauptprozesse = sachlogische Verdichtung von Teilprozessen
- Leistungsmengeninduzierte Prozesse sind mengenvariabel und verändern sich in Abhängigkeit von dem zu erbringenden Arbeitsvolumen
- Leistungsmengenneutrale Prozesse fallen unabhängig von dem zu erbringenden Arbeitsvolumen an, sie sind also an kein Mengengerüst gekoppelt.

Aufgabenteil b) (25 Punkte)

Teilprozess	Maßgröße	Maßgrößenmenge	benötigte Zeit in Mitarbeiterstunden	Teilprozesskosten in €	lmi-Teilprozesskostensatz	lmn-Umlagensatz	lmi/lmn-Teilprozesskostensatz
Material annehmen	Anzahl Lieferungen	500,00	57,00	1.304,35	2,61	0,39	3,00
Material vorsortieren	Anzahl versch. Produkte	3.000,00	195,00	4.462,24	1,49	0,22	1,71
Material einlagern	Anzahl Ladungen	2.500,00	106,00	2.425,63	0,97	0,15	1,12
Material auslagern	Anzahl Sendungen	400,00	22,00	503,43	1,26	0,19	1,45
Summe aller lmi Teilprozesse			380,00	8.695,65			
Abteilung leiten			39,00	892,45			
sonstiges			18,00	411,90			
Summe aller lmn Teilprozesse			57,00	1.304,35			
Summe aller Teilprozesse			437,00	10.000,00			

Aufgabenteil c) (5 Punkte)
Singuläre Aktivitäten der Geschäftsführung eignen sich nur bedingt als Einsatzgebiet der Prozesskostenrechnung.

Grund: Je weniger die Leistungen standardisiert sind und keine feste Folge aufweisen, desto abstrakter und offener ist der zu findende Prozess und desto allgemeiner sind die kostentreibenden Faktoren des Prozesses.

Die Kostenverrechnung gestaltet sich schwierig und ist nicht gut zu begründen.

Aufgabenteil d) (10 Punkte)
Stärken:

- hohe Praxisrelevanz
- wenig Komplexität wegen Fokussierung auf einige wenige bereichsübergreifende Hauptprozesse und Kostentreiber
- macht Prozessabläufe sichtbar, planbar und steuerbar
- Erkenntnisse können zur Entscheidungsunterstützung herangezogen werden und als Grundlage für den Einsatz anderer Verfahren dienen
- keine Änderung der Kostenstellen- und Organisationsstruktur notwendig
- bietet die Möglichkeit, Kostenschwerpunkte zu analysieren und eine Optimierung der Unternehmensstrukturen anzustoßen
- liefert nicht nur Daten für eine verursachungsgerechte Produktkalkulation und mehrstufige Deckungsbeitragsrechnung, sondern macht auch Aussagen hinsichtlich Qualität und Zeit

Schwächen:

- bedient sich zwar der traditionellen Kostenrechnung, ist aber nicht an die restriktiven Grundsätze der traditionellen Kostenrechnung gebunden
- es existiert kein Konzept zur Einbeziehung der Prozesskostenrechnung in ein umfassendes Kostenmanagementsystem
- nicht für strategische Entscheidungen geeignet, da z.B. keine kalkulatorischen Zinsen berücksichtigt werden
- nicht für kurzfristige Ansatz- und Produktionsentscheidungen einsetzbar
- Kostensenkungspotentiale werden mangels Möglichkeiten analytischer Planungen in der Regel nur pauschal gegeben
- Anzahl der zum Einsatz kommenden Hauptprozesstreiber ist unklar, kein Regelkatalog zur Bildung der Prozesse

Aufgabe 21: Budgetierung/Balanced Scorecard

Aufgabenteil a) (22 Punkte)

- Absatzbudget

	Beutel A	Beutel B	Beutel C	Beutel D	Beutel E	Beutel F	Beutel G	Beutel H
geplanter Absatz in Stück	1000	1000	500	500	1500	1500	2000	2000
Verkaufspreis pro Stück in €	2,00 €	2,00 €	4,00 €	4,00 €	4,50 €	2,50 €	4,00 €	4,00 €
Produktartenerlöse	2.000,00 €	2.000,00 €	2.000,00 €	2.000,00 €	6.750,00 €	3.750,00 €	8.000,00 €	8.000,00 €

Absatzbudgetvorgabe:	**34.500,00 €**

- Produktions- und Lagerplan

	Beutel A	Beutel B	Beutel C	Beutel D	Beutel E	Beutel F	Beutel G	Beutel H
geplante Produktion	1000	1000	500	500	1500	1500	2000	2000
+ Lageranfangsbestand	0	0	0	0	0	0	0	0
= Summe	1000	1000	500	500	1500	1500	2000	2000
- geplanter Absatz	1000	1000	500	500	1500	1500	2000	2000
= Lagerendbestand	0	0	0	0	0	0	0	0

- Materialkostenbudget

	Bauteile			
	rote Murmel	blaue Murmel	grüne Murmel	gelbe Murmel
benötigte Bauteile für Produktion	22500	22500	37500	37500
Bauteilpreis	0,30 €	0,30 €	0,10 €	0,10 €
Bauteilartenkosten	6.750,00 €	6.750,00 €	3.750,00 €	3.750,00 €

	Bauteile		
	Beutel für A, B und F	Beutel für C, D und E	Beutel für G und H
benötigte Bauteile für Produktion	3500	2500	4000
Bauteilpreis	0,20 €	0,30 €	0,25 €
Bauteilartenkosten	700,00 €	750,00 €	1.000,00 €

Materialkosten-budgetvorgabe:	**23.450,00 €**

• Beschaffungsbudget

	Bauteile			
	rote Murmel	blaue Murmel	grüne Murmel	gelbe Murmel
benötigte Bauteile für Produktion	22500	22500	37500	37500
- Anfangsbestand	0	0	0	0
+ Endbestand	0	0	0	0
= Summe	22.500	22.500	37.500	37.500
Bauteilpreis	0,30 €	0,30 €	0,10 €	0,10 €
Bauteilartenkosten	6.750,00 €	6.750,00 €	3.750,00 €	3.750,00 €

	Bauteile		
	Beutel für A, B und F	Beutel für C, D und E	Beutel für G und H
benötigte Bauteile für Produktion	3500	2500	4000
- Anfangsbestand	0	0	0
+ Endbestand	0	0	0
= Summe	3.500	2.500	4.000
Bauteilpreis	0,20 €	0,30 €	0,25 €
Bauteilartenkosten	700,00 €	750,00 €	1.000,00 €

Beschaffungsbudgetvorgabe:	**23.450,00 €**

• Lohnkostenbudget

	Beutel A	Beutel B	Beutel C	Beutel D	Beutel E	Beutel F	Beutel G	Beutel H
Lohnsatz pro Minute	0,20 €	0,20 €	0,20 €	0,20 €	0,20 €	0,20 €	0,20 €	0,20 €
* Minuten pro Stück	1	1	1	1	1,5	1,5	1,5	1,5
= Lohnkosten pro Stück	0,20 €	0,20 €	0,20 €	0,20 €	0,30 €	0,30 €	0,30 €	0,30 €
* Produktionsmenge	1000	1000	500	500	1500	1500	2000	2000
= Lohnkosten pro Produktart	200,00 €	200,00 €	100,00 €	100,00 €	450,00 €	450,00 €	600,00 €	600,00 €

Lohnkosten-budgetvorgabe:	**2.700,00 €**

• Vertriebs-, Verwaltungs-, F&E- sowie Investitionsbudget

Vertriebsbudget	**1.200,00 €**
Verwaltungsbudget	**600,00 €**
F&E Budget	**- €**
Investitionsbudget	**350,00 €**

- Fertigungsbudget

	Beutel A	Beutel B	Beutel C	Beutel D	Beutel E	Beutel F	Beutel G	Beutel H
variable Fertigungs- und Materialgemeinkosten pro Minute	0,40 €	0,40 €	0,40 €	0,40 €	0,40 €	0,40 €	0,40 €	0,40 €
* Minuten pro Stück	1	1	1	1	1,5	1,5	1,5	1,5
= variable Fertigungs- und Materialgemeinkosten pro Stück	0,40 €	0,40 €	0,40 €	0,40 €	0,60 €	0,60 €	0,60 €	0,60 €
* Produktionsmenge	1000	1000	500	500	1500	1500	2000	2000
= variable Fertigungs- und Materialgemeinkosten pro Produktart	400,00 €	400,00 €	200,00 €	200,00 €	900,00 €	900,00 €	1.200,00 €	1.200,00 €

variable Fertigungs- und Materialgemeinkosten	5.400,00 €
fixe Fertigungs- und Materialgemeinkosten	3.600,00 €

Fertigungsbudgetvorgabe	**9.000,00 €**

Aufgabenteil b) (8 Punkte)

	Beutel A	Beutel B	Beutel C	Beutel D	Beutel E	Beutel F	Beutel G	Beutel H
Materialeinzelkosten	1,00 €	0,00 €	3,00 €	3,00 €	3,00 €	0,50 €	1,75 €	2,75 €
+ Fertigungslöhne pro Stück	0,20 €	0,20 €	0,20 €	0,20 €	0,30 €	0,30 €	0,30 €	0,30 €
+ variable Fertigungs- und Materialgemeinkosten pro Stück	0,40 €	0,40 €	0,40 €	0,40 €	0,60 €	0,60 €	0,60 €	0,60 €
= variable Stückkosten	1,60 €	0,60 €	3,60 €	3,60 €	3,90 €	1,40 €	2,65 €	3,65 €
Verkaufspreis	2,00	2,00	4,00	4,00	4,50	2,50	4,00	4,00
Verkaufsmenge	1000	1000	500	500	1500	1500	2000	2000
Verkaufserlöse	2.000,00 €	2.000,00 €	2.000,00 €	2.000,00 €	6.750,00 €	3.750,00 €	8.000,00 €	8.000,00 €
variable Gesamtkosten	1.600,00 €	600,00 €	1.800,00 €	1.800,00 €	5.850,00 €	2.100,00 €	5.300,00 €	7.300,00 €
Deckungsbeiträge	400,00 €	1.400,00 €	200,00 €	200,00 €	900,00 €	1.650,00 €	2.700,00 €	700,00 €

Bruttogewinn (Summe der Deckungsbeiträge)	8.150,00 €
fixe Fertigungs- und Materialgemeinkosten	3.600,00 €
Vertriebsgemeinkosten	1.200,00 €
Verwaltungsgemeinkosten	600,00 €
F&E-Kosten	0,00 €
Investitionskosten	350,00 €
Nettogewinn	**2.400,00 €**

Aufgabenteil c) (9 Punkte)
Zwingend zu nennen:

- *Vision:* Subjektive Vorstellung der Unternehmensleitung darüber, wie sich das Unternehmen in Zukunft auszeichnen will
- *Mission und Leitbild:* Mission informiert über den Unternehmenszweck, Unternehmensziele sowie zentrale Werte; Leitbild ist eine schriftlich fixierte Mission
- *Stoßrichtung und Positionierung:* Operationalisierung von Vision und Mission
- *Strategische Ziele:* Konkretisierung der strategischen Stoßrichtung; langfristige Ziele mit einem Zeithorizont von über drei Jahren
- *Strategische Maßnahmen:* Aktivitäten, deren Realisierung zur Erfüllung der strategischen Ziele führen
- *Messgrößen und Zielwerte:* Messgrößen bilden den Zielerreichungsgrad der strategischen Maßnahmen ab; Zielwerte dienen zu Vergleichszwecken

Ergänzend

- *Perspektiven:* strategische Ziele und Maßnahmen werden so genannten Perspektiven (in der Regel vier) zugeordnet
- *Ursache-Wirkungs-Ketten:* Verdeutlichung, wie die einzelnen strategischen Ziele zueinander in Beziehung stehen

Aufgabenteil d) (8 Punkte)
Perspektiven:

- Finanzperspektive
- Kundenperspektive
- interne Geschäftsprozesse
- Lern- und Entwicklungsperspektive (Potenzialperspektive)

Fragestellungen:

- *Finanzperspektive:* Welche Ziele leiten sich aus den finanziellen Erwartungen der Anteilseigner ab?
- *Kundenperspektive:* Welche Ziele hinsichtlich Struktur und Anforderungen unserer Kunden müssen verfolgt werden, um unsere finanziellen Ziele zu erreichen?
- *Interne Geschäftsprozesse:* Welche Maßnahmen in Bezug auf unsere Prozesse müssen unternommen werden, um die Ziele der Finanz- und Kundenperspektive zu erfüllen?
- *Potenzialperspektive:* Welche Ziele hinsichtlich unserer Potenziale müssen erreicht werden, um den aktuellen und zukünftigen Herausforderungen gewachsen zu sein?

Aufgabenteil e) (13 Punkte)

Allgemeine Würdigung:

+ geschickte Kombination von Altem (Kennzahlen und Kennzahlensysteme) und Neuem (Perspektiven, Ursache-Wirkungs-Ketten)
+ Ausgewogenheit: Ergebniskennzahlen geben Auskunft über Vergangenes und Gegenwärtiges, Leistungstreiber über zukünftige Entwicklungen; perspektivische Darstellung trägt darüber hinaus zur Ausgewogenheit bei
+ Strategiefindungsprozess: Von der Strategie bis zur damit verknüpften operativen Maßnahme
+ Komplexitätsreduktion: Strategische Ziele bilden die Erfolgsfaktoren eines Unternehmens ab, durch Beschränkung auf wenige (nicht mehr als 20) findet eine Komplexitätsreduktion statt
- Ursache-Wirkungs-Ketten: Herleitung „richtiger" Ketten ist problematisch; keine mathematischen Verknüpfungen zwischen den Kennzahlen, allenfalls empirische Wirkungszusammenhänge; Wahrheitsgehalt der Kausalkette oftmals fragwürdig
- Top-Down-Kommunikation: Kann zu Blockadeverhalten bei den Mitarbeitern führen
- Implementierung: Oftmals wird der Anschein erweckt, eine BSC wäre schnell und einfach zu implementieren; durchschnittliche Dauer beträgt jedoch vier bis neun Monate

Anwendung im Innovationskontext:

- Innovationen entstehen häufig in kreativen Prozessen, die sich häufig nur schwerlich voraussehen bzw. in Kennzahlen abbilden lassen
- BSCs können auch im Innovationskontext zu Komplexitätsreduktion beitragen
- Top-Down-Kommunikation: Innovatives Verhalten kann nicht erzwungen bzw. vorgegeben werden
- etc.

Innovationscontrolling

Aufgabe 22: Steuerung von Innovationsprojekten

Aufgabenteil a) (6 Punkte)
Ziele werden im Allgemeinen als:

- normative Aussagen von Entscheidungsträgern gekennzeichnet,
- die einen gewünschten,
- von ihnen oder anderen anzustrebenden,
- zukünftigen Zustand der Realität beschreiben.

Innovationsziele können demzufolge konkretisiert und definiert werden als:

- normative Aussagen von Entscheidungsträgern – dies können Linien- und/oder aus der Linie herausgelöste Projektmanager sein,
- die einen gewünschten – im Innovationsfall den geplanten und eventuell für den Fortbestand der Unternehmung notwendigen,
- von dem entsprechenden Projektteam anzustrebenden,
- zukünftigen Zustand der Realität, die Innovation, beschreiben – dies ist vielfach ein neues Produkt bzw. ein neues Verfahren.

Aufgabenteil b) (25 Punkte)
Zielobjekt: Deutlich *abgrenzbarer Gegenstandsbereich*, auf den sich das Ziel richtet. Der *Entscheidungsträger bestimmt* diesen Ausschnitt der Realität.

Für ein Innovationsprojekt ist dies das *neu zu entwickelnde Produkt* bzw. allgemeiner die *neu zu entwickelnde Lösung.*

Zieleigenschaften/-kriterien: Vorschrift, welche *Kriterien zur Bewertung von alternativen Lösungsmöglichkeiten* heranzuziehen sind. Diese beschreiben die *wünschenswerten Eigenschaften* des Zielobjektes.

Bei Innovationsprojekten sind dies vor allem technisch definierte Leistungsziele und ökonomische Zielsetzungen. Die *technischen Ziele* beziehen sich auf konstruktive Eigenschaften des neuen Produktes oder Verfahrens (Konstruktionsziele) und auf Verwendungsmöglichkeiten (Nutzungsziele). Die *ökonomischen Zielsetzungen* betreffen die Gewinn- und Umsatzwirkungen des neuen Produktes oder Verfahrens.

Zielmaßstab: Ein Entscheidungsträger *wählt die Alternative, die es zu realisieren gilt, nach ihrem Beitrag zur Zielerfüllung aus.* Diejenigen *Messvorschriften*, welche die Quantifizierung der Zieleigenschaft ermöglichen sollen, werden als Zielmaßstäbe bezeichnet. Diese können ordinal, nominal oder kardinal skaliert sein.

In der *Frühphase* von Innovationsprojekten sollte aufgrund der bestehenden Unsicherheit im Idealfall auf *ordinale oder nominale Skalen* zurückgegriffen werden, da eine metrische Beschreibung noch nicht möglich ist. In *späteren Phasen* kann dann auch ein *kardinaler Zielmaßstab* angewandt werden.

Zielfunktion: Hierbei handelt es sich um die *Vorschrift, die dem Entscheidungsträger angibt, welchen Zielerfüllungsbeitrag* er anstreben will. Häufig versucht man den höchsten Zielerfüllungsbeitrag zu erreichen, das *Maximum*. Andere Möglichkeiten sind das Übertreffen eines Grenzwertes und damit das Festlegen eines Anspruchniveaus oder die punktuelle Zielfestlegung mit dem Erreichen eines bestimmten Grenzwertes.

Für Innovationsprojekte steht primär der *Grad der Neuartigkeit* und nicht eine wie auch immer geartete Maximierung oder Optimierung im Mittelpunkt. Gegebenenfalls kann auch ein übertreffen eines Konkurrenzproduktes, also ein *benchmarkorientierter Ansatz* gewählt werden.

Zeitlicher Bezug: Hier wird festgelegt, für welche *zeitliche Spanne das Ziel gelten soll* bzw. bis zu welchem Endtermin das Ziel erreicht sein soll. In der Regel werden *Nahziele, die kurzfristig zu erreichen sind, und Fernziele, die erst langfristig Geltung* bekommen, *formuliert*. In der Praxis des Projektmanagements verselbstständigt sich der zeitliche Bezug oft zu einem eigenen Ziel, dem Zeitziel.

Für Innovationsprojekte ist der zeitliche Bezug zunächst einmal *deckungsgleich mit der geplanten Projektlaufzeit*, da an deren Ende die Innovation stehen soll. Werden Teilziele formuliert können sich diese gegebenenfalls auf einzelne *Meilensteine im Projektverlauf* und deren Termine beziehen.

Aufgabenteil c) (4 Punkte)
Folgende vier Grenzen schränken die Möglichkeiten der Zielformulierung bei Innovationsprojekten ein:

- Die Unklarheit der Problemstruktur,
- die Unsicherheit der Erwartungen,
- die Vielzahl der Problemkomponenten und
- der Konfliktgehalt des Problems.

Aufgabenteil d) (12 Punkte)
Die relevanten Fähigkeiten lassen sich in folgende Kategorien einteilen:

- Fachkompetenz
- Problemlösungskompetenz
- Managementkompetenz
- Führungskompetenz
- Zwischenmenschliche Beziehungen und andere persönliche Qualitäten

Beispiele für die einzelnen Kategorien:

Fachkompetenz:

- Arbeitsjahre
- Gesammelte Erfahrungen in Fachabteilungen

Problemlösungskapazität:

- Systematisch-analytisches Denken
- Beurteilungsvermögen
- Entscheidungsfähigkeit
- Ganzheitlich vernetztes Denken

Managementkompetenz:

- Planungs- und Organisationsfähigkeit
- Fähigkeit des Zeitmanagements
- Fähigkeit des Kostenmanagements
- Kenntnis der Unternehmensstruktur
- Kenntnis der Informationswege
- Kenntnis der Ablaufstruktur
- Projekterfahrung als Projektmitarbeiter
- Projekterfahrung als Projektleiter

Führungskompetenz:

- Delegationsvermögen
- Motivationsfähigkeit
- Kooperationsvermögen
- Flexibilität
- Konfliktfähigkeit
- Verhandlungsgeschick
- Mitarbeiterorientierte Teamführung
- Aufgabenorientierte Teamführung
- Erfahrung im Führen von Mitarbeitern

Zwischenmenschliche Beziehungen und andere persönliche Qualitäten:

- Kommunikationsvermögen
- Einfühlungsvermögen
- Initiativbereitschaft
- Selbstbewusstsein und emotionale Stabilität
- Kreativität
- Durchsetzungsvermögen
- Zielstrebigkeit
- Lernbereitschaft

Aufgabenteil e) (5 Punkte)

Die FMEA verläuft in den folgenden Schritten:

- *Strukturanalyse*, in diesem Schritt wird das betrachtete Produkt in seine Teilkomponenten zerlegt.
- *Funktionsanalyse*, in diesem Schritt werden die Funktionen der Teilkomponenten bzw. des Gesamtsystems zusammengestellt.
- *Fehleranalyse*, in diesem Schritt werden die möglichen Fehler bezogen auf die Funktionen ermittelt.
- *Risikobewertung*, in diesem Schritt wird das Risiko in drei Kategorien bewertet. Diese Kategorien sind die Bedeutung (B), die Auftretenswahrscheinlichkeit (A) und die Entdeckungswahrscheinlichkeit (E). Die Kategorien werden auf einer Skala von 1 bis 10 bewertet. Durch Multiplikation von B, A und E entsteht die Risikoprioritätszahl RPZ, die zur Priorisierung der Risiken dient.
- *Optimierung*, in diesem Schritt werden Vermeidungs- und Entdeckungsmaßnahmen für die Fehler definiert. Die Durchführung wird mit Termin und Verantwortlichem dokumentiert.

Aufgabenteil f) (8 Punkte)

Skalenwertzuordnung:

Wahrscheinlichkeit	Skalenwert Auftretensw.	Skalenwert Entdeckung
0,00%-0,10%	1	10
0,11%-0,50%	2	9
0,51%-1,50%	3	8
1,51%-3,00%	4	7
3,01%-5,00%	5	6
5,01%-7,00%	6	5
7,01%-10,00%	7	4
10,01%-15,00%	8	3
15,01-30,00%	9	2
ab 30,01%	10	1

Die Skalenwerte für die „Entdeckung" eines Fehlers sind mit steigender Wahrscheinlichkeit sinkend, da diese eben durch die Entdeckung und die Möglichkeit zum Aussortieren der fehlerhaften Produkte ein geringeres Risiko darstellen.

Berechnung der Risikoprioritätszahlen (RPZ):

Fehler	Auftretenswahrscheinlichkeit	Entdeckungswahrscheinlichkeit	Bedeutungsschwere	RPZ
F-1	2	6	5	60
F-2	5	8	4	160
F-3	8	1	5	40
F-4	4	4	2	32

Die RPZ wird durch einfache Multiplikation der Skalenwerte ermittelt!

Die höchste RPZ ergibt sich für „F-2". Folglich sollte der mögliche Fehler „F-2" bei knapper Zeit/Kapazität durch Nachbesserung am dringlichsten vermieden werden.

Aufgabe 23: Organisation des Innovationscontrollings

Aufgabenteil a) (16 Punkte)
Bewusste Übernahme der Innovation Dritter:

- Das Unternehmen verzichtet auf Produkt- und Prozessinnovationen im eigenen Unternehmen.
- Es werden Innovationen Dritter von außen übernommen.
- Die Möglichkeiten bestehen im Innovationseinkauf, der Lizenznahme, dem Kauf innovativer Unternehmen und der Imitation von Innovationen.

Innovationskooperation:

- Das Unternehmen führt die Innovation in Kooperation mit anderen Unternehmen bzw. Institutionen durch.
- Es möchte die Initiative zur Innovation nicht aus der Hand geben, aber trotzdem die Innovation nicht selbstständig im eigenen Unternehmen durchführen.
- Die Kooperation kann in Form der Auftragsforschung oder der Gemeinschaftsforschung erfolgen.

Innovation als zeitlich befristete Aufgabe: Projektmanagement:

- Es ist eine Stelle bzw. Instanz im Unternehmen zu bestimmen, die sich auf die Innovation spezialisiert.
- Handelt es sich um eine zeitlich begrenzte Aufgabe, wird die Innovation zumeist in Form eines Projekts durchgeführt.
- Das organisatorische Werkzeug hierfür liefert das Projektmanagement.

Innovation als Daueraufgabe: Multiprojektmanagement, F&E-Abteilungen:

- Werden in einer Unternehmung mehrere Innovationsprojekte nacheinander oder gleichzeitig durchgeführt, wird das Management von Innovationen zur Daueraufgabe.
- Hier gibt es organisatorisch die Möglichkeit des Multiprojektmanagements.
- Eine zweite Möglichkeit ist die Einrichtung von Forschungs- und Entwicklungsabteilungen.

Aufgabenteil b) (14 Punkte)
Strukturierung nach Objekten

- Nach diesem Ordnungskriterium wird das Projekt nach Produktkomponenten gegliedert.
- Ein objektorientierter Plan hat große Ähnlichkeit mit einem Produktstrukturplan.
- Daher können diese beiden Strukturpläne leicht miteinander vermischt werden.
- Der zeitliche Ablauf der einzelnen Schritte wird dabei völlig außer Acht gelassen.
- Inhaltliche Zusammenhänge der einzelnen Komponenten werden nicht transparent.
- Er liefert somit wenige Informationen für die Durchführung der Projekte.

Strukturierung nach Verrichtungen

- Hierbei werden die Arbeitspakete nach den verschiedenen Phasen des Innovationsprozesses gegliedert.
- Diese Strukturregel geht davon aus, dass ein streng sequentieller Projektablauf vorliegt.
- Tatsächlich finden aber permanente Wiederholungen von Tätigkeiten statt.
- Innovative Problemlösungsprozesse verlaufen in vielen, sich wiederholenden Schleifen.
- Kritische Zusammenhänge in inhaltlicher Hinsicht werden insofern ausgeblendet.
- Die hier aufgeführten Schritte sind zu global, um konkrete Handlungsanweisungen darzustellen.

Aufgabenteil c) (25 Punkte)

	Brainstorming	**Brainwriting (Methode 635)**
Vorbereitung	• Teilnehmern wird ein paar Tage vor der Sitzung ein definiertes, aber unstrukturiertes Problem mitgeteilt, um sich vorab individuell damit zu beschäftigen • Gruppe sollte fachlich heterogen sein, um unterschiedliche Erfahrungen zu repräsentieren • Gruppe sollte sozial homogen sein, um Beeinflussung durch Vorgesetzte/Ranghöhere zu vermeiden • Moderator benötigt keine problemspezifische Fachkompetenz, sondern sollte Fachmann der Brainstorming-Technik sein • 5-12 Teilnehmer	• Teilnehmer strukturieren und analysieren das Problem in mündlicher Diskussion • Es werden keine Problemlösungsvorschläge gemacht • Vorbereitung endet, wenn alle Teilnehmer sich über Struktur des Problems einig sind • Bei sozial heterogenen Teilnehmern (Rangunterschieden) empfiehlt es sich, das Problem extern vorzugeben • 6 Teilnehmer
Verfahrensablauf	• Sitzungsdauer auf 30 bis 60 Minuten begrenzen • Sitzung ist beendet, wenn keine neuen Ideen mehr gefunden werden • Kritik und Bewertung an/von geäußerten Regeln ist verboten; phantasieren und herumspinnen ist erlaubt • Jeder darf jede Idee aufgreifen und weiterentwickeln	• Jeder der 6 Teilnehmer schreibt auf ein vorbereitetes Formular 3 Ideen auf, die in einer vorgegebenen Reihenfolge an die jeweils nächsten Teilnehmer weitergegeben werden • Aufgabe der Teilnehmer ist es, die Ideen des vorherigen Teilnehmers zu ergänzen oder zu vertiefen. • Dann wird das Formular wieder weitergegeben

Moderatorenfunktion	• Hat die Aufgabe für die Einhaltung der Regeln zu sorgen und Kritik zu unterbinden • Wenn keine Ideen mehr genannt werden, kann er durch Fragen oder Rollenspiele versuchen, den Ideenfluss zu reaktivieren • Ihm obliegt das Pausenmanagement	• Moderator hat darauf zu achten, dass während der Vorbereitungsphase noch keine Problemlösung diskutiert wird • Wenn das Verfahren nur in schriftlicher Form durchgeführt wird, wird kein Moderator benötigt
Auswertung	• Genannte Ideen werden per Flipchart, Tonband oder Video aufgezeichnet • Anschließend werden Ideen geordnet, ergänzt und bewertet • Auswertung sollte von Person durchgeführt werden, die nicht am Brainstorming beteiligt war	• Durch Vorliegen schriftlicher Unterlagen wird eine präzise Auswertung ohne ein hohes Maß an Interpretation möglich
Zielsetzung	• Durch Einbeziehen von vielen heterogenen Teilnehmern breites Ideenspektrum generieren • Durch kritikfreie Interaktion soll Kreativität durch Assoziation gesteigert werden	• Vorteile des Brainstormings mit der Leistungsfähigkeit von konzentriert arbeitenden Individuen verbinden • Durch schriftliche Dokumentation der Ideen wird präziser artikuliert und Informationsprozess rationalisiert • Durch Begrenzung der Teilnehmer, Ideen und Durchläufe wird Informationsüberlastung vorgebeugt • Kein Teilnehmer kann passiv bleiben
Verfahrensbeurteilung	• Quantität der Ideengenerierung höher als bei gleicher Anzahl individuell arbeitender Personen • Qualität unklar • Ideendurchsetzung wird durch höhere Identifikation gestärkt	• Bringt eher inkrementale Innovationen hervor (Zweck/Mittel prinzipiell unverändert, aber neue Kombinationen oder verbessertes Zweck-Mittel-Verhältnis) • „Bad Ideas" werden frühzeitig ausgefiltert und nicht weiter bearbeitet

Aufgabenteil d) (5 Punkte)

A-5; B-3; C-4; D-1; E-2

Aufgabe 24: Innovationscontrolling bei der Sensora GmbH

Aufgabenteil a) (15 Punkte)
Innovationen lassen sich als Zweck-/Mittel-Kombinationen klassifizieren; bspw. in folgende drei Klassen:

- Verbesserung eines vorhandenen Ziels mit vorhandenen Methoden,
- Erreichung eines alten Ziels auf neuen Wegen und
- Setzung von neuen Zielen mit neuen Mitteln.

Der Innovationsgrad kennzeichnet die Komplexität des Innovationsvorhabens. Auf die obige Klassifizierung bezogen steht die 1. Klasse für einen niedrigen, die 2. Klasse für einen mittleren und die 3. Klasse für einen hohen Innovationsgrad.

Ermittlung des Innovationsgrades auf der Basis von Checklisten:

- Bestimmung möglichst vieler Anhaltspunkte für das Ausmaß des technologischen und anwendungsbezogenen Fortschritts,
- Zusammenstellung der Anhaltspunkte in einer Art Innovations-Checkliste (z. B. nach betrieblichen Funktionen),
- Vergabe von Punkten (z. B. von 1 bis 7) für jeden einzelnen Anhaltspunkt,
- Addition der Punkte zu einem Gesamt-Innovations-Score und
- Einstufung des Vorhabens als „innovativ“ oder „nicht innovativ“ (z. B. durch Festlegung eines Grenzwertes).

Die Vorgehensweise ähnelt der eines Scoring-Modells. Verfeinerungen der Innovations-Checkliste sind bspw. möglich durch unterschiedliche Gewichtungen bei den einzelnen Anhaltspunkten oder bei der Festlegung der „Innovativität“ durch unterschiedliche Abstufungen (Grade) wie z. B. niedrig, mittel oder hoch.

Der Sensora GmbH würde in ihrer derzeitigen Krisensituation eine Innovations-Checkliste durchaus helfen, ihre zahlreichen Innovationsprojekte mit unterschiedlichen Innovationsgraden zu versehen. Dies ist insofern sehr bedeutsam, da die Höhe des Innovationsgrades in hohem Maße die wirkungsvolle Instrumentenauswahl des Projektmanagements und -controllings bestimmt. Aufgrund der wirtschaftlichen Schwierigkeiten, der Wichtigkeit der Trennung von weniger und mehr innovativen Projekten sowie des erstmaligen Einsatzes der Checkliste sollte der Aufbau der Checkliste möglichst einfach sein (s. folgendes Beispiel).

Gegenstand der Beurteilung (Kurzbeschreibung) ____________________
____

	Bitte ankreuzen ja	nein
1. Verlangt das neue Produkt oder Verfahren neuartige		
1.1 Fertigungstechnik	☐	☐
1.2 Produktionsanlagen	☐	☐
1.3 Mitarbeiter	☐	☐
1.4 Software	☐	☐
1.5 Messtechnik	☐	☐
1.6 Fertigungsorganisation	☐	☐
1.7 Weitere Änderungen der Produktion	☐	☐
....	☐	☐
2. Bewirkt das Produkt oder Verfahren neuartige		
2.1 Produktionsgeschwindigkeit/Durchlaufzeiten	☐	☐
2.2 Umweltbelastung/-entlastung	☐	☐
2.3 Raumanforderungen	☐	☐
2.4 Montage-Flexibilität	☐	☐
2.5 bessere Kapazitätsauslastung	☐	☐
2.6 Leistungserhöhung	☐	☐
2.7 Weitere Auswirkungen	☐	☐
....	☐	☐
3. Erfordert der Absatz des neuen Produktes		
3.1 die Ansprache neuer Kundengruppen	☐	☐
3.2 die Wahl neuer Distributionswege	☐	☐
3.3 Auseinandersetzung mit neuen Wettbewerbern	☐	☐
3.4 Neubestimmung der Preispolitik	☐	☐
3.5 Weitere Änderungen der Absatzpolitik	☐	☐
....	☐	☐
4. Verlangt das neue Produkt oder Verfahren neuartige		
4.1 Rohstoffe	☐	☐
4.2 Bezugsquellen	☐	☐
4.3 Bezugspartner	☐	☐
4.4 Bezugsländer	☐	☐
4.5 Weitere Änderungen der Beschaffung	☐	☐
....	☐	☐
Ich schlage vor, das neue Produkt/Verfahren als Innovation einzustufen	Ja	Nein

Datum: Unterschrift:

Aufgabenteil b) (15 Punkte)
Kreativitätstechniken lassen sich zum einen nach dem Kriterium der Vorgehensweise bei der Kreativitätsförderung in Verfahren zur Verstärkung der Intuition und in Verfahren des systematisch-analytischen Vorgehens sowie zum anderen nach dem Kriterium des ideenauslösenden Prinzips in Verfahren der Assoziation/Abwandlung und in Verfahren der Konfrontation einteilen. Brainstorming dient der Verstärkung der Intuition und zählt zu den Methoden der Assoziation/Abwandlung.

Charakteristika des Brainstormings:

- Vorbereitung: Teilnehmern wird einige Tage vor der Sitzung ein definiertes, aber unstrukturiertes Problem mitgeteilt, ermöglicht so vorab individuelle Beschäftigung mit dem Problem; Gruppe sollte fachlich heterogen, aber sozial homogen sein.
- Ablauf: Sitzungsdauer zwischen 30 und 60 Minuten; jede Kritik an geäußerten Ideen ist verboten; Ziel ist die Sammlung möglichst vieler Ideen.
- Moderator: benötigt keine Fachkompetenz, sollte Fachmann für die Technik des Brainstormings sein; sorgt ggf. für Aktivierung des Ideenflusses und für das Pausenmanagement.
- Auswertung: alle genannten Ideen werden aufgezeichnet (z. B. per Flipchart oder Video); anschließend Ordnung und Ergänzung/Bewertung der Ideen; Ideenbewertung möglichst durch Dritte.
- Zielsetzung: Hervorbringung eines möglichst breiten Ideenspektrums; bedingt durch kritikfreie Interaktion Steigerung der Kreativität durch Assoziation.

Es scheint gesichert, dass die Quantität der Ideengenerierung durch Gruppeninteraktion beim Brainstorming höher ist als bei einer gleichen Anzahl individuell arbeitender Person. Für die Qualität der Ideen gilt dieser Zusammenhang aber nicht als gesichert. Da es der Sensora GmbH aber nicht an fehlenden Ideen, sondern an einem effektiven und effizienten Controlling der Innovationsaktivitäten mangelt, erscheint ein Einsatz des Brainstormings in der derzeitigen Situation des Unternehmens nicht ratsam.

Aufgabenteil c) (18 Punkte)
Konzeptioneller Aufbau einer problemadäquaten Innovationsabrechnung:

Erfassung und Behandlung der Innovation als Investition; innovationsbezogene Kosten und Erlöse sind damit Zahlungen im finanzwirtschaftlichen Sinne (Aus- und Einzahlungen); wesentliche Rechnungswesenbausteine einer Innovationsabrechnung sind:

1. Projektbezug der Innovation

   Zuweisung mindestens einer Nummer im Kontenplan des betrieblichen Rechnungswesens; Voraussetzung der zeitlichen und sachlichen Isolierung der innovationsbezogenen Rechengrößen; Schaffung von Verantwortung für die Innovation durch institutionelle Zuständigkeiten; Innovation wird im Unternehmen transparent, d. h. bewusst gemacht; im Einzelnen:

   - Aufspaltung der Projektkosten im Rahmen der Kostenartenrechnung,

- Einrichtung von gesonderten, das Projekt betreffenden Kostenstellen,
- Abrechnung des Projekts als Kostenträger und
- Erstellung von Vergleichsrechnungen für die Projektkosten (z. B. Soll-/Ist-Vergleiche).

2. Erfolgsbezug der Innovation

   Gegenüberstellung von positiven und negativen Wertgrößen (innovationsbezogene Ein- und Auszahlungen); Aufstellung kumulativer Beträge (in zeitlicher Hinsicht) und Aufstellung aller Ausgaben mit Aufwands- bzw. Aktivierungscharakter (in sachlicher Hinsicht); Stellenwert der Innovation im Unternehmen wird somit deutlich; Projekterfolge aus innovativen Tätigkeiten treten neben die Erfolgsermittlung der operativen Bereiche; ökonomische Leistungsbeurteilung des Projektleiters/-teams wird ermöglicht; im Einzelnen:

   - Erstellung von investitionsähnlichen Erfolgsrechnungen für die Innovation (Projekt-Deckungsbeitragsrechnungen) mit kumulativen, vergangenheitsbezogenen Größen.

3. Zukunftsbezug der Innovation

   Einbeziehung zukünftiger Wertgrößen in die Erfolgsermittlung; unerlässlich für die Entscheidung der Projektfortführung; nach Projektende bindet die Innovationsabrechnung die relevanten Instanzen der Routineorganisation (z. B. Marketing/Vertrieb); dadurch Verknüpfung der Bereiche des Innovationsmanagements/-controlling mit der Routineorganisation; Innovationsabrechnung somit ein Instrument des Schnittstellencontrolling; Kenntlichmachung der sicheren und unsicheren Daten in der Innovationsabrechnung, damit es nicht zu Verwechselungen kommt; im Einzelnen:

   - Erstellung von investitionsähnlichen Erfolgsrechnungen für die Innovation (Projekt-Deckungsbeitragsrechnungen) mit kumulativen, vergangenheits- und zukunftsbezogenen Größen.

Als Innovationsergebnisrechnung bezeichnet man eine Projekt-Deckungsbeitragsrechnung, die sowohl erfolgs- als auch zukunfstbezogen im o. g. Sinne aufgebaut ist. Beim erstmaligen Einsatz einer solchen Rechnung in einem Unternehmen wie z. B. der Sensora GmbH ist mit Widerständen zu rechnen, da eine solche Rechnung dann selbst eine Innovation darstellt. Von daher empfiehlt sich für den Tiefsee-Thermometer 10 KUN eine einfache Gestaltung, damit die Rechnung im Unternehmen kommunizierbar ist und damit akzeptierbar (insbesondere vom technischen Bereich) wird (s. folgendes Beispiel: Rechnungsaufbau während der Projektverlaufes).

Einnahmen

1. realisierte (kumulierte) Einnahmen
   a) extern über den Markt
      z.B. Lizenzen
   b) an andere Prozesse weiterbelastete Ausgaben
      z.B Weitergabe von Teilergebnissen
   c) sonstige Einnahmen
      z.B. Subventionen
2. Zukünftige (gesamt zu schätzende) Einnahmen

Ausgaben

3. realisierte (kumulierte) Ausgaben
   a) extern über den Markt
      z.B. Konstruktionstisch, Büromaterial
   b) von anderen Prozessen übernommene Ausgaben
      z.B. Gehälter
   c) sonstige Ausgaben
      z.B. Gebühren
4. Zukünftige (gesamt zu schätzende) Ausgaben

Innovationserfolg

5. Einnahmen (1.+2.) – Ausgaben (3.-4.)

Aufgabenteil d) (12 Punkte)

Beispiele für personen-, projekt- und systembezogene Faktoren zur Förderung bzw. Minderung des Selbstcontrolling des Projektteams im Rahmen von Innovationstätigkeiten (ein „plus" steht dabei für einen hohen, ein „minus" für einen niedrigen Selbstcontrollinggrad) sind:

Einflussfaktoren auf das Selbstcontrolling	–	+
1. Personenbezogene Faktoren		
• Engagement des Topmanagements in der operativen Projektarbeit	•	
• „kreativer Genius" als Projektleiter	•	
• „Bastler/Tüftler" als Projektleiter		•
• innovationsfeindliche Einstellung des Projektcontrollers	•	
2. Projektbezogene Faktoren		
• Implementierung einer separaten, abteilungsübergreifenden Projektgruppe		•
• Frühzeitige Implementierung einer eigenständigen Projektgruppe		•
• hohe Unsicherheit in der Kosten- und Zeitplanung		•
• Fremdfinanzierung des Projekts	•	
3. Systembezogene Faktoren		
• Unternehmensgröße	•	
• Innovationshäufigkeit im Unternehmen		•
• hoher Wettbewerbsdruck		•
• gute wirtschaftliche Lage des Unternehmens		•

Für die Sensora GmbH bieten sich bspw. folgende Maßnahmen zur Förderung des Selbstcontrollings an:

1. Personenbezogene Faktoren

   Herr Vertikal als langjähriger Mitarbeiter der Entwicklungsabteilung dürfte dem technischen Bereich zuzuordnen sein; hier ist von Widerständen gegen den Einsatz von Instrumenten des Innovationscontrolling auszugehen; Herr Vertikal muss von den Vorteilen eines Innovationscontrolling überzeugt werden; die Tatsache, dass er als Analytiker bezeichnet wird, deutet zudem darauf hin, dass er als „Bastler/Tüftler" eingestuft werden kann; er muss davon überzeugt werden, dass nicht alles bis ins letzte Detail umgesetzt werden kann; irgendwann muss das Projekt auch einmal fertig werden.

2. Projektbezogene Faktoren

   Der Hinweis der fehlenden Durchsetzung der Innovationsprodukte am Markt signalisiert, dass das Marketing/der Vertrieb nicht frühzeitig genug in die Planung der Innovationstätigkeiten eingebunden wird; hier sollte ein möglichst früher Einbezug in die Projektarbeit erfolgen. Zudem muss die Einbindung eines innovationsfreundlichen, aber nicht -blinden Projektcontrollers erfolgen, der durch problemadäquate und verständlich gestaltete Instrumente des Innovationscontrolling die Planung, Steuerung und Kontrolle des Innovationsvorhabens unterstützt.

3. Systembezogene Faktoren

   Als mittelständisches Unternehmen verfügt die Sensora GmbH grundsätzlich über eine nicht allzu große Unternehmensgröße, die einen hohen Grad an Selbstcontrolling für innovative Projektteams ermöglicht. Ferner ist sie ein Unternehmen, das häufig innoviert und daher ebenfalls einen hohen Selbstcontrollinggrad zulassen sollte. Allerdings steht dem entgegen, dass die Sensora GmbH über keinerlei Erfahrung im Umgang mit den Methoden des Innovationscontrolling verfügt und sich derzeit in einer wirtschaftlich schlechten Lage befindet. Unter Umständen sollte sie eine Unternehmensberatung hinzuziehen, die beratend den Aufbau eines Innovationscontrolling unterstützt – auch wenn dieses zunächst mit einer weiteren Kostensteigerung verbunden ist, mittelfristig dagegen dürfte sich ein Innovationscontrollingsystem für das stark innovierende Unternehmen auf jeden Fall auszahlen.

Konzerncontrolling

Aufgabe 25: Organisation des Konzerncontrollings

Aufgabenteil a) (10 Punkte)

- Die Konzernorganisationsform hängt davon ab, in welchem Umfang die Konzernleitung in das Geschehen der nachgelagerten Gesellschaften eingreift.
- Daraus ergeben sich die unterschiedlichen Zielsetzungen und Aufgabenschwerpunkte des Konzerncontrollings.
- Es lassen sich drei arttypische Konzernorganisationsformen abgrenzen.
- Eine Management Holding ist durch die so genannte strategische Führung der Tochterunternehmen gekennzeichnet.
- Neben der Vorgabe finanzieller Ziele
- dringt diese in die Markt- und Wettbewerbsdimension ein.
- Davon unterscheidet sich einerseits die finanzielle Führung z. B. in Form einer Finanz-Holding,
- die sich im Wesentlichen auf die Vorgabe finanzieller Ergebnisse beschränkt.
- Andererseits ist die operative Führung (z. B. in Form eines Stammhauskonzerns) von der Management Holding abzugrenzen.
- Sie umfasst auch das Geschehen in den einzelnen lokalen Aufgabengebieten und Prozessen sowie deren Entwicklung.

Aufgabenteil b) (15 Punkte)

	Differenzierte Controlling-Konzeption	**Standardisierte Controlling-Konzeption**
Controllingfunktion	Bereichsbezogene Orientierung Hohe Aufgabendiversität	Gesamtunternehmensbezogene Orientierung Bereichübergreifende Aufgaben dominieren Unternehmensweit einheitliche Aufgabenstellung
Controllinginstrumente	Niedriger Standardisierungsgrad Dezentrale Controllingeinheiten Unterstellung unter Linienmanagement	Hoher Standardisierungsgrad Weitgehende Zentralisation der Aufgabenerfüllung Unterstellung der lokalen Controllingeinheiten unter das Zentralcontrolling
Controllinginstitution	Besetzung von Controller-Positionen im Ausland mit Gastlandangehörigen Unbedeutender Anteil am Reiseverkehr	Besetzung von Controller-Positionen im Ausland mit Stammlandangehörigen Intensiver Reiseverkehr der Controller

Aufgabenteil c) (5 Punkte)
Die Morgengenuss AG verfolgt im Konzerncontrolling eine Mischform der beiden Controllingphilosophien.

Controllingfunktion und Controllinginstrumente sind standardisiert:

Hier liegt eindeutig eine gesamtunternehmensbezogene Orientierung vor, bei der bereichsübergreifende zentrale Aufgaben überwiegen. Diese sind unternehmensweit einheitlich und werden über standardisierte Instrumente erfüllt.

Controllinginstitution ist eher differenziert aufgebaut:

Besetzt werden Controllerstellen i. d. R. mit Gastlandangehörigen, die auch nur alle zwei Jahre besucht werden.

Aufgabenteil d) (15 Punkte)

(1) Rechtsform

- Einfluss bedeutender Gesetze hängt von der Rechtsform ab.
- Rechtsformspezifische Kriterien eröffnen bzw. begrenzen die Handlungsspielräume des Controllings.

(2) Branche

- Unterschiedliche Branchen erfordern den Einsatz jeweils spezifischer Controllinginstrumente.
- Notwendigkeit der Implementierung differenzierter Controllingsysteme, z. B. für F&E- und Innovationscontrolling.

(3) Unternehmensgröße

- Managementqualifikation unterscheidet sich zwischen kleinen und großen Unternehmen.
- Controllingsysteme sind in kleinen und mittleren Unternehmen zumeist nur schwach oder gar nicht vorhanden.

(4) Firmensitz

- Analyse divergierender ökonomischer, juristischer und sozialer Rahmenbedingungen in den einzelnen Ländern.
- Ggf. erschweren Wechselkursschwankungen und andere Risiken die Planungs- und Kontrollprozesse.

(5) Bedeutung der Beteiligung

- Höhe der Beteiligungsquote bedingt das Einflusspotenzial.
- Das Einflusspotenzial determiniert den Handlungsrahmen für die tatsächliche Einflussnahme.

Aufgabenteil e) (15 Punkte)

Rechtsform

- Die Aromamühle AG ist eine Kapitalgesellschaft, es gelten somit die gleichen rechtlichen Rahmenbedingungen wie bei der Morgengenuss AG.
- Es ist lediglich ein weiteres Unternehmen in den Konzernabschluss aufzunehmen.
- Weitere rechtsformspezifische Anpassungen ergeben sich nicht.

Branche

- Bei der Aromamühle handelt es sich ebenfalls um ein Industrieunternehmen.
- Allerdings werden andere Produkte hergestellt, insbesondere auch Vorprodukte für einige der Morgengenuss Kaffeemaschinen.
- Dadurch ergeben sich Anpassungen im Verrechnungspreissystem sowie im Beschaffungscontrolling, da diese Vorprodukte nun intern bezogen werden können.
- Es ergeben sich zudem Anpassungen bei der Strategie, da nun mehr unterschiedliche Produkte und ggf. auch zwei neue Märkte zu betrachten sind.
- Diese Anpassungen wirken eventuell wieder auf das Controlling zurück.

Unternehmensgröße

- Die Aromamühle ist eine mittelständische AG mit zwei ausländischen Zweigstellen.
- Trotz dieser Zweigstellen dürften die Controllingsysteme insbes. aufgrund der starken Position des Gründers als Vorstandsvorsitzender weniger stark ausgeprägt sein als diejenigen der Morgengenuss AG.
- Es dürften daher zahlreiche Anpassungen in den Systemen der Aromamühle AG notwendig sein.
- Außerdem sind die für das Konzerncontrolling der Morgengenuss AG benötigten Instrumente zu implementieren.

Firmensitz

- Die Aromamühle ist zwar ein deutsches Unternehmen, bedient aber auch über zwei Auslandsgesellschaften den osteuropäischen und den asiatischen Markt.
- Auch wenn die rechtlichen und wirtschaftlichen Risiken in diesen beiden Ländern (Rumänien und Japan) überschaubar sein dürften, bestehen gegebenenfalls Absatzrisiken bezüglich der bearbeiteten Märkte (z. B. wird auch der russische Markt bearbeitet).
- Es wird die erste außereuropäische Niederlassung mit eingekauft.
- Insbesondere ist daher das Risikocontrolling auszubauen.
- Zudem erschweren in Bezug auf beide Länder Wechselkursschwankungen die Planungs- und Kontrollprozesse.

Bedeutung der Beteiligung

- Die Morgengenuss AG kann nur 50 % an der Aromamühle KG erwerben, der Rest der Anteile verbleibt im Familienbesitz.

- Eine Einflussnahme auf die Steuerung der Gesellschaft ist daher allein auf Basis der Anteile stark begrenzt.
- Allerdings kann die Morgengenuss AG über den Aufsichtsrat Einfluss auf die Geschäftsführung nehmen.

Um die volle Punktzahl zu erlangen sind nicht alle der genannten Punkte aufzuzählen.

Aufgabe 26: Kapitalrendite/Unternehmensbewertung

Aufgabenteil a) (10 Punkte)

Jahresabschlussorientierte Kapitalrenditen:

Zum Beispiel Eigenkapitalrendite (Return on Equity):

$$ROE = \frac{\text{Jahresüberschuss}}{\text{Eigenkapital}}$$

Es können auch ROI, ROA oder ROCE genannt werden.

Zähler: Erfolgsgröße aus dem Rechnungswesen, bilanzpolitischer Spielraum

Nenner: Kapitalgröße zu Buchwerten

Cash flow-orientierte Kapitalrendite:

$$CFROI = \frac{\text{BruttoCash Flow} - \text{ökonomische Abschreibung}}{\text{Bruttoinvestitionsbasis}}$$

Zähler: Cash flow-Größe, weniger Manipulationsmöglichkeiten

Nenner: investiertes Kapital, das verzinst werden muss; bei Anlagevermögen Anschaffungskosten berücksichtigt, keine Buchwerte

Aufgabenteil b) (15 Punkte)

Brutto-Cash Flow Berechnung	
Jahresüberschuss nach Zinsen und Steuern	180
+ Zinsaufwand	44
+ Abschreibungen	110
Brutto-Cash Flow	334

Berechnung abzuschreibender Betrag	
Buchwert immaterielles Vermögen	200
+ Buchwert Sachanlagen	930
+ kumulierte Abschreibungen	1.000
- Anschaffungskosten Grund und Boden	200
- Restwert	80
abzuschreibender Betrag	1.850

Berechnung Rückwärtsverteilungsfaktor	
Zinssatz	7%
Nutzungsdauer	10
Rückwärtsverteilungsfaktor	0,07238

ökonomische Abschreibung	133,90

Bruttoinvestitionsbasis Berechnung	
Buchwert immaterielles Anlagevermögen	200
+ Buchwert Sachanlagevermögen	930
+ kumulierte Abschreibungen	1.000
- Anschaffungskosten Grund + Boden	200
= Wert des abnutzbaren Vermögens	1.930
Wert Grund und Boden	200
+ Buchwert der Finanzanlagen	150
+ Buchwert des Umlaufvermögens	700
+ Buchwert der ARAP	20
= Wert des nicht abnutzbaren Vermögens	1.070
Wert des gesamten Vermögens	3.000
unverzinsliche Rückstellungen	140
+ Verbindlichkeiten aus LuL	370
+ PRAP	80
Abzugskapital	590
= Bruttoinvestitionsbasis	2.410

CFROI Berechnung	
Brutto-Cash Flow	334
- ökonomische Abschreibung	134
/ Bruttoinvestitionsbasis	2.410
CFROI	8,30%

Aufgabenteil c) (10 Punkte)

Wertorientierte Unternehmensführung setzt an der Verselbständigung der Interessen des Managements von den Interessen der Eigentümer in großen Kapitalgesellschaften an und sucht nach entsprechenden Anreizmechanismen zur Stärkung der Anteilseignerinteressen. Ziel ist, unternehmerische Entscheidungen (wieder) an der langfristigen Maximierung entnahmefähiger Überschüsse auszurichten.

Shareholder Value-Ansatz:

- Die Konzern- oder Geschäftsbereichsstrategie ausfindig machen, die den höchsten Aktionärswert verspricht
- Kapitalwertmethode unter Berücksichtigung u. a. des Zeitwertes des Geldes, der Risikoausprägung des betrachteten Bereichs sowie des Residualwerts (Wert der über den Planungszeitraum hinaus anfallenden Cash Flows)
- Methode zur Identifizierung des Werttreiber (= bestimmte, dem operativen Geschehen unmittelbar entnommene Einflussgrößen des Aktionärswertes), beruht nicht vorrangig auf Erfolgsgrößen
- Aufteilung in finanzmathematischen Teil und Corporate Governance-Teil
- Ziel ist die Maximierung des Markt-, nicht des Buchwerts des eingesetzten Aktionärskapitals

- Auswahl und Durchführung nur solcher Strategien, die zur Maximierung der für die Aktionäre zur Verfügung stehenden Vermögenswerte führen
- Rechenverfahren des SHV gehört als Form der Kapitalwertmethode (DCF) zu den Verfahren der Bruttokapitalisierung im Rahmen der Unternehmensbewertung

Aufgabenteil d) (25 Punkte)

Berechnung des WACC:

Formel: $k_{WACC} = r_{EK} \cdot \text{Anteil EK} + r_{FK} \cdot \text{Anteil FK} \cdot (1 - \text{Steuersatz})$

Anteil EK = 40 %, Anteil FK = 60 %

$k_{WACC} = 0{,}11 \cdot 0{,}4 + 0{,}05 \cdot 0{,}6 \cdot (1 - 0{,}3) = 0{,}065 = 6{,}5\%$

Berechnung der Cash Flows:

	t_1	t_2	t_3	ab t_4
Jahresergebnis	125,00	90,00	116,00	113,00
+ Zinsaufwendungen	20,00	30,00	20,00	10,00
+ Veränderung Rückstellungen	15,00	5,00	-10,00	0,00
- Veränderung Forderungsbestand	18,00	-17,00	15,00	0,00
+ Abschreibungen	30,00	30,00	25,00	25,00
+ Veränderung Lieferantenverbindlichkeiten	34,00	-13,00	-15,00	0,00
- Investitionen	30,00	30,00	25,00	25,00
Total Cash Flow	176,00	129,00	96,00	123,00
Steuerersparnis (= Zinsaufwand x 30 %)	6,00	9,00	6,00	3,00
Free Cash Flow	170,00	120,00	90,00	120,00

Berechnung der Barwerte:

ewige Rente				1.846,15
Barwerte zum 31.12.t_0	159,62	105,80	74,51	1.528,34
Summe der Barwerte	1.868,27			
Wert des Gesamtkapitals	1.868,27			
- Wert des Fremdkapitals	630,00			
= Wert des Eigenkapitals = Unternehmenswert	1.238,27			

Ein Unternehmen, das 50 % der Aromamühle AG erwerben möchte, wird maximal bereit sein, 50 % des berechneten Unternehmenswertes als Kaufpreis zu zahlen:

$1.238{,}27 \cdot 0{,}5 = 619{,}13$

Aufgabe 27: Rentabilitätsanalysen

Aufgabenteil a) (40 Punkte)

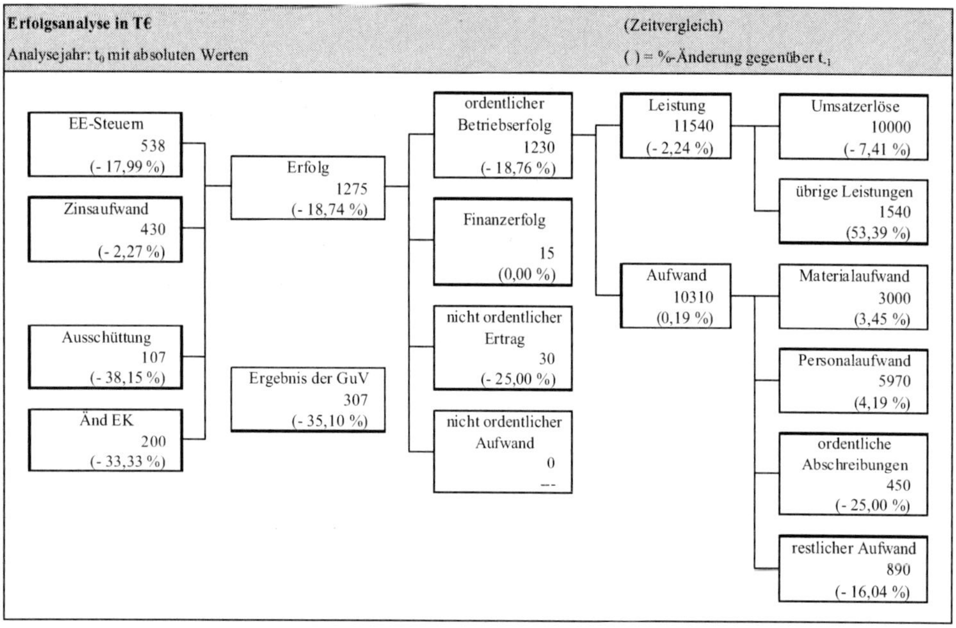

Analyse:

- Der Erfolg ist positiv, hat jedoch stark abgenommen.
- Der Rückgang der Steuern aus Einkommen und Ertrag entspricht in etwa dem Gewinneinbruch. Der Zinsaufwand hingegen sinkt nicht im gleichem Maße wie der Erfolgsrückgang. Bei andauerndem Abwärtstrend führt dies zur Aufzehrung des Erfolges.
- Die Kompensation des Erfolgsrückgangs erfolgt mit geringeren Einstellungen in die Rücklagen. Dennoch geht auch der ausgeschüttete Betrag zurück. Dies kann als ein erstes Alarmsignal gewertet werden.
- Der Finanzerfolg und der nicht ordentliche Ertrag sind im Vergleich zum ordentlichen Betriebserfolg vernachlässigbar, wenngleich ein deutlicher Rückgang des nicht ordentlichen Ertrages zu beobachten ist. Dies spricht gegen eine Krise, weil hier in der Regel ein Anstieg des nicht ordentlichen Ertrages zu beobachten ist um einen Erfolgsrückgang auszugleichen.
- Die negative Entwicklung lässt sich fast vollständig durch den Rückgang des ordentlichen Betriebserfolges erklären.
- Die Umsatzerlöse gingen um 7,41 % zurück. Im gleichen Zeitraum stiegen die übrigen Leistungen deutlich an. Ursächlich hierfür sind Absatzschwierigkeiten (starke Bestanderhöhung), die ein Hauptproblem der negativen Leistungsentwicklungen zu sein scheinen.

- Der Materialaufwand stieg um 3,45 %. Die Personalkosten, als wichtigster Aufwandsposten, stiegen trotz Leistungsrückgang sogar noch deutlich mehr an. Dies ist als Krisensignal zu werten.
- Eine Kompensation des Personalkostenanstiegs durch die Verringerung der ordentlichen Abschreibungen und des restlichen Aufwandes gelang nicht.
- Der Rückgang des restlichen Aufwandes könnte auf Kürzungen des Aufwandes für das Risikomanagement (Versicherungen, Rückstellungen) oder für immaterielle Investitionen (Forschung & Entwicklung, Werbung, Ausbildung, Organisation, Beratung) zurückzuführen sein. Dies gilt es zu ergründen.
- Insgesamt ist ein gering steigender Aufwand zu konstatieren, wobei die Differenz zu den rückläufigen Leistungen nicht allzu groß erscheint. Dennoch liegt ein deutlicher Rückgang des ordentlichen Betriebserfolges vor, was sich vor allem auf die Absatzschwierigkeiten zurückführen lässt.

Maßnahmen:

- Da der Erfolgsrückgang eindeutig auf den Leistungsrückgang zurückzuführen ist, ist hier als erstes anzusetzen. Notwendig ist eine Ursachenanalyse und darauf basierend eine Planerstellung zur Überwindung der Absatzkrise und langfristigen positiven Entwicklung.
- Weiterhin sind die Personalkosten zu überprüfen. Zu schauen ist insbesondere, inwiefern zukünftig die Personalremanenz vermeidbar ist. Darüber hinaus ist zu ergründen, ob der ohnehin hohe Personalkostenanteil nicht reduziert werden kann.
- Drittens sind die Gründe für den Rückgang der ordentlichen Abschreibungen und des restlichen Aufwandes zu erfragen. Hierdurch soll bspw. sichergestellt werden, dass notwendige Investitionen nicht zurückgehalten werden.
- Viertens ist der im Vergleich zu hohe Zinsanteil zu untersuchen. Angestrebt werden sollte eine Umschichtung der Verbindlichkeiten in Kredite mit niedrigerem Zinssatz.

Aufgabenteil b) (20 Punkte)
Umsatzrendite =

$$\frac{\text{Jahresüberschuss}}{\text{Umsatzerlöse}}$$

Eigenkapitalrendite vor Steuern =

$$\frac{\text{Jahresüberschuss} + \text{Steuern vom Einkommen und Ertrag}}{\text{Eigenkapital}}$$

Gesamtkapitalrendite vor Steuern und Zinsen =

$$\frac{\text{Jahresüberschuss} + \text{Steuern vom Einkommen und Ertrag} + \text{Zinsen und ähnliche Aufwendungen}}{\text{Gesamtkapital}}$$

ROCE =

$$\frac{\text{Jahresüberschuss} + \text{Steuern vom Einkommen und Ertrag} + \text{Zinsen und ähnliche Aufwendungen}}{\text{Gesamtkapital} - \text{unverzinsliches Fremdkapital}}$$

$$= \frac{\text{EBIT}}{\text{Capital Employed}}$$

Umsatzrendite	**3,07%**
JÜ	307
Umsatz	10.000

Eigenkapitalrendite vor Steuern	**14,08%**
JÜ vor Steuern	845
Eigenkapital	6.000

Gesamtkapitalrendite vor Steuern und Zinsen	**12,75%**
JÜ vor Steuern und Zinsen	1.275
Gesamtkapital	10.000

ROCE	**15,94%**
EBIT	1.275
Capital Employed	8.000

Mit der Nutzung von Rentabilitätskennzahlen verbundene Vorteile:

- Die Kennzahlen sind leicht handhabbar.
- Die für die Berechnung erforderlichen Daten sind leicht beschaffbar.
- Die Kosten der Datenermittlung sind gering.
- Die Kennzahlen erfreuen sich großer Beliebtheit; sie sind weit verbreitet.
- Die Kennzahlen sind leicht kommunizierbar.
- Die Kennzahlen eignen sich, mit Einschränkungen, sowohl für den Vergleich einzelner Tochtergesellschaften als auch einzelner nicht rechtlich selbstständiger Geschäftsbereiche untereinander.
- Die Kennzahlen verdeutlichen auf einen Blick die wirtschaftlichen Stärken und Schwächen der betrachteten Analyseobjekte.

Mit der Nutzung von Rentabilitätskennzahlen verbundene Probleme:

- Die Kennzahlen unterliegen der Periodizität.
- Die Kennzahlen haben einen eher kurzfristigen Horizont.
- Mit den Kennzahlen lässt sich in der Regel „nur“ retrospektiv feststellen, ob früher getroffene Entscheidungen richtig oder falsch gewesen sind.
- Das finanzielle Risiko der Kapitalgeber wird bei diesen Kennzahlen nicht in die Berechnung einbezogen.
- Die Kennzahlen berücksichtigen keine Inflationseffekte.

- Aktuelle Erfolgsgrößen werden häufig in Beziehung zu historischen Buchwerten gesetzt.
- Die Kennzahlen helfen nicht bei der Festlegung des Zielwertes.
- Sofern Nettobuchwerte verwendet werden und die Abschreibungsbeträge nicht wieder voll investiert werden, sinkt der Wert des investierten Kapitals, während die Rendite jedes Jahr steigt, ohne dass sich die tatsächliche Erfolgslage verbessert. Investitionen führen dann in der Regel zu einem Absinken das ROI und somit zu einer Bevorzugung von Tochtergesellschaften oder nicht rechtlich selbstständigen Geschäftsbereichen mit älteren Anlagen.
- Auch bei der alternativen Verwendung von Bruttobuchwerten treten Probleme auf. So führt z. B. die Liquidation einer bereits abgeschriebenen Anlage zu einem starken Anstieg des ROI, da die Kapitalbasis um den vollen historischen Anschaffungsbetrag sinkt.

Speziell bei der Umsatzrendite ist zu beachten:

- Die Umsatzrendite ist nur im Verbund mit verschiedenen anderen Informationen eine aussagefähige Kennzahl zur Gesamtunternehmenssteuerung.
- Die Umsatzrendite eignet sie sich als Zielvorgabe nur im Zusammenhang mit einer Analyse der Absatzmärkte der einzelnen Sparten, da sich der Beitrag der verschiedenen Sparten zum Unternehmensziel immer aus erreichter Umsatzrentabilität und realisierter absoluter Umsatzhöhe zusammensetzt.
- Voraussetzung für die Berechnung der Umsatzrendite sind die Zuordenbarkeit des Betriebsergebnisses und der Umsätze auf die jeweils betrachteten Sparten.
- Die Umsatzrendite ist vor allem einsetzbar bei der Bewertung und Steuerung von Sparten, für die keine selbstständigen Bilanzdaten ermittelbar sind.

Zusammenfassende Bewertung:

- Rentabilitätskennzahlen eignen sich (nur) zur groben Einschätzung des Erfolgs bzw. Misserfolgs der A-GmbH. Im Zeitvergleich zeigen sie eine dynamische Entwicklung an. Noch aussagekräftiger ist jedoch ein Vergleich mit den Renditen von Unternehmen aus der gleichen Branche oder ein Vergleich mit einer vorher festgelegten Zielrendite.
- Rentabilitätskennzahlen ersetzen somit nicht eine intensive, detaillierte Auseinandersetzung mit der Planung und Kontrolle der in der A-GmbH durchgeführten Betriebs- und Geschäftsprozesse.

Aufgabe 28: Kennzahlen und Kontextfaktoren

Aufgabenteil a) (15 Punkte)

- Unternehmensgröße (Anzahl der Mitarbeiter, Umsatz),
- Bedeutung der Beteiligung (Beteiligungsquote, hohe konzerninterne Leistungsverflechtungen),
- Umweltdynamik (Wettbewerbsstärke, Technologien),
- Firmensitz (In- vs. Ausland, Länderrisiken),
- wirtschaftliche Lage (Zielverflechtung, Kennzahlenausprägungen).

Aufgabenteil b) (15 Punkte)

Unternehmensgröße:

- Die Managementqualifikation ist in Großunternehmen in der Regel höher.
- Größere Beteiligungen tendieren zur Selbststeuerung.
- Controllingsysteme sind in kleineren und mittleren Unternehmen zumeist nur schwach oder gar nicht vorhanden.

Bedeutung der Beteiligung:

- Die Höhe der Beteiligungsquote bedingt rechtliche Restriktionen des Einflusspotenzials.
- Das Einflusspotenzial determiniert den Handlungsrahmen für die tatsächliche Einflussnahme.
- Synergiepotenziale und Synergierealisation sind fortwährend zu überprüfen.

Umweltdynamik:

- Analyse der Wettbewerbsstrategien der Konkurrenten.
- Prüfung und Nutzung von Marktein- und -austrittsbarrieren bezogen auf Beschaffungs- und Absatzmärkte.
- Prognose der Branchen- und Technologieentwicklung.

Firmensitz :

- Analyse der Rahmenbedingungen in den Heimatländern der Tochterunternehmen.
- Währungsdifferenzen erschweren den reibungslosen konzernweiten Einsatz von Controllinginstrumenten.
- Deutsche Controllingphilosophie erzeugt bei vielen ausländischen Beteiligungen starke ablehnende Reaktionen.

Wirtschaftliche Lage:

- Bei andauernder Erfolglosigkeit individuelle Berichterstattung erforderlich, gegebenenfalls auch Verkauf.
- Bei schlechter Lage Besuche der Beteiligung, um sich ein Bild des tatsächlichen Ausmaßes und der Gründe der Schwäche zu machen.
- Controlling betreibt bei schlechter Lage Krisenmanagement.

Aufgabenteil c) (10 Punkte)

ROS Berechnung	
Jahresüberschuss	42
Umsatz	4.135
ROS	1,02%

ROE Berechnung	
Jahresüberschuss	42
Eigenkapital	430
ROE	9,77%

ROI Berechnung	
Jahresüberschuss + Steuern	70
Gesamtkapital	1.300
ROI	5,38%

ROA Berechnung	
Jahresüberschuss + Steuern + Zinsen	105
Gesamtkapital	1.300
ROA	8,08%

- Die Umsatzrendite (ROS) gibt an, wie viel Gewinn je Einheit Umsatz erzielt wird.
- Die Eigenkapitalrendite (ROE) gibt die Verzinsung des vom Eigenkapitalgeber investierten Kapitals an.
- Die Gesamtkapitalrendite (ROI) gibt die Rendite des Unternehmens vor Steuern an.
- Die Gesamtkapitalrendite vor Zinsen (ROA) gibt die Rendite an, die das Unternehmen wenn sämtliche Kapitalanteile aus Eigenkapital bestanden hätten.

Aufgabenteil d) (6 Punkte)

EBIT Berechnung	
Jahresüberschuss nach Zinsen und Steuern	42
+ Zinsaufwand	35
+ Steuern	28
EBIT	105

CapitalEmployed Berechnung	
Bilanzsumme	1.300
- Verbindlichkeiten aus LuL	150
- sonstige Rückstellungen	140
- RAP passiv	30
CapitalEmployed	980

ROCE Berechnung	
EBIT	105
./. CapitalEmployed	980
ROCE	10,71%

Aufgabenteil e) (8 Punkte)

NOPAT Berechnung	
Umsatzerlöse	4.135
Bestandsänderungen	289
sonstige betriebliche Erträge	226
Materialaufwand	-3.443
Personalaufwand	-768
Abschreibungen	-138
sonstiger betrieblicher Aufwand	-206
Betriebsergebnis	95
Zinsertrag	10
EBIT	105
Steuern	42,00
NOPAT	63,00

Capital Berechnung	
Bilanzsumme	1.300
- Verbindlichkeiten aus LuL	150
- sonstige Rückstellungen	140
- RAP passiv	30
Capital	980

EVA Berechnung	
NOPAT	63,00
Capital	980
Kapitalkostensatz	7,00%
EVA	-5,60

Stewart's r Berechnung	
NOPAT	63,00
Capital	980
Stewart's r	6,43%

Aufgabenteil f) (6 Punkte)

Formel für die Renditeforderung der Eigenkapitalgeber nach dem Bruttogewinn-Ansatz:

$r_{EK} = i + (r_m - i) \cdot ß_l$

Beta unlevered	0,5
Steuersatz	0,5
Zielkapitalstruktur FK/EK	0,2
levered beta	**0,55000**
risikoloser Zinssatz	0,04
Marktportfoliorendite	0,1
Eigentümerrendite	**7,3000%**

Aufgabe 29: Risikocontrolling

Aufgabenteil a) (15 Punkte)
Ablauf eines Risikomanagement-Prozesses

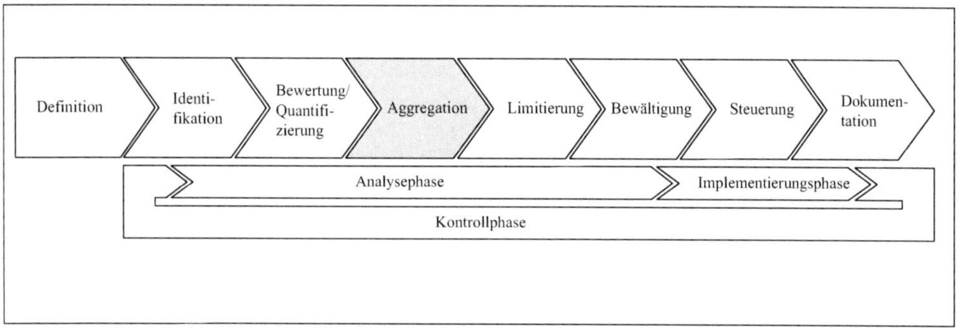

Risikoidentifikation: permanente, rechtzeitige, schnelle, vollständige und wirtschaftliche Erfassung aller relevanten bestehenden und potenziellen Einzelrisiken

Risikobewertung bzw. –quantifizierung: Ausmaß der identifizierten Einzelrisiken bestimmen, um Gefährdung einschätzen zu können

Aggregation: Bestimmung einer Gesamtrisikoposition, insbesondere unter Berücksichtigung von Risikokorrelationen (Wechselwirkungen zwischen Risiken)

Risikolimitierung: auf Basis von Eigenkapitalausstattung und Ertragskraft des Unternehmens Verlustobergrenzen bestimmen

Risikobwältigung und Risikosteuerung: Optimierung der Risikoposition einer Unternehmung; Chancen-Risiko-Abwägung; Risikostrategien festlegen: Risikoverminderung, Risikoüberwälzung (Versicherungen), Risikoakzeptanz

Risikodokumentation: schriftliche Bestandsaufnahme des Risikomanagementkonzeptes und der Ergebnisse des Prozesses; Dokumentation für den Abschlussprüfer; Anstoß für einen erneuten Prozessdurchlauf

Aufgabenteil b) (9 Punkte)
Mögliche Antworten:

Quantitative top-down-Ansätze:

- Ausgaben- und gewinnorientierte Methode
- Basisindikatoransatz (Basic Indicator Approach)
- Standardverfahren (Standardised Indicator Approach)
- Interner Bemessungsansatz (Internal Measurement Approach)
- Zufallsverteilungen
- Economic Pricing Modells (insb. CAPM)

- Methoden der Extreme Value Theory (EVT)
- Operational VaR-Konzept

Qualitative top-down-Ansätze:

- Key Performance Indicator (KPI)
- Key Control Indicator (KCI)
- Key Risk Indicator (KRI)
- Nutzwertanalyse

Quantitative bottom-up-Ansätze:

- Simulationsmodelle (Histor./Monte-Carlo-Simulation)
- Approximationsverfahren (Delta Normal-/Delta Gamma-Methode)
- Zuverlässigkeitstheorie

Qualitative bottom-up-Ansätze:

- Baumanalysen
- Szenarioanalysen (subjektiver Art)
- Prozessrisikoanalysen
- Expertenbefragung/Interviews

Aufgabenteil c) (6 Punkte)
„Da die Risiken „A“ und „B“ den gleichen Schadenserwartungswert aufweisen, bedrohen sie den Bestand des Unternehmens in gleichem Maße!“

Diese Aussage ist so nicht allgemeingültig richtig! Auch wenn das Risiko B eine wesentlich geringere Eintrittswahrscheinlichkeit hat, so ist der mit diesem Risiko verbundene potenzielle Schaden wesentlich höher. Das Risiko B müsste demnach sehr sorgfältig beobachtet werden. Sollte sich durch interne oder externe Faktoren die Eintrittswahrscheinlichkeit nur leicht erhöhen, so hätte dies aufgrund des hohen potenziellen Schadens eine große Hebelwirkung und würde die Gefährdung des Unternehmens erheblich erhöhen.

Bei dieser Aufgabe geht es um eine schlüssige Argumentation, die in unterschiedlicher Art geführt werden kann. So ist z.B. auch eine Argumentation unter Zuhilfenahme der „Risk Map“ möglich, in der diese beiden Risiken unterschiedlich einzuordnen wären.

Weitere Bücher des Lehrstuhls

Zum **Lehrprogramm** des Lehrstuhls für Betriebswirtschaftslehre, insbes. Unternehmensrechnung und Controlling an der FernUniversität in Hagen sind folgende Bücher erschienen:

Littkemann, J./Holtrup, M./Schulte, K.:
Buchführung, Grundlagen – Übungen – Klausurvorbereitung
3., überarb. Aufl., Verlag Gabler, Wiesbaden 2008
ISBN-13: 978-3-8349-0857-5

Littkemann, J. (Hrsg.):
Unternehmenscontrolling, Konzepte, Instrumente, praktische Anwendungen mit durchgängiger Fallstudie
Verlag NWB, Herne/Berlin 2006
ISBN-13: 978-3-482-56921-0

Littkemann, J. (Hrsg.):
Innovationscontrolling
Verlag Vahlen, München 2005
ISBN-13: 978-3-8006-3161-2

Schewe, G./Littkemann, J. (Hrsg.):
Sportmanagement
2. unveränderte Aufl., Verlag Karl Hofmann, Schorndorf 2005
ISBN-13: 978-3-7780-3350-6

Littkemann, J. (Hrsg.):
Beteiligungscontrolling I, Grundlagen sowie bilanzielle, steuerliche und sonstige Aspekte des Beteiligungscontrollings
2. Aufl., Verlag NWB, Herne/Berlin 2009
ISBN-13: 978-3-482-52612-1

Littkemann, J. (Hrsg.):
Beteiligungscontrolling II, Strategische und operative Unternehmensführung im Beteiligungscontrolling
2. Aufl., Verlag NWB, Herne/Berlin 2009
ISBN-13: 978-3-482-58561-6